数值分析原理及 MATLAB 实验

主　编　曹艳华　肖　瑜　吕广红
副主编　周凤麒　廖国勇　张静静
参　编　王凤灵　闫志刚　张姊同
　　　　朱挺欣　武晓冉　贾志乐

华中科技大学出版社
中国·武汉

内 容 提 要

本书依据数值分析的基本原理,从 MATLAB 程序设计的角度出发,较系统地阐述了数值分析的理论与算法。全书共 9 章,包括绪论、非线性方程求解、线性方程组的解法、非线性方程组的解法、插值法、函数逼近与曲线拟合、数值积分与数值微分、常微分方程求解、矩阵特征值计算。本书着重于算法设计与编程实现,强调通过理论联系实际提高动手编程能力。

本书可作为数学、计算机、物理、工程类专业的本科生与研究生教材,也可供从事科学与工程计算的科技工作者参考。

图书在版编目(CIP)数据

数值分析原理及 MATLAB 实验/曹艳华,肖瑜,吕广红主编.—武汉:华中科技大学出版社,2022.4

ISBN 978-7-5680-8081-1

Ⅰ.①数… Ⅱ.①曹… ②肖… ③吕… Ⅲ.①数值分析-Matlab 软件 Ⅳ.①O241-39

中国版本图书馆 CIP 数据核字(2022)第 042940 号

数值分析原理及 MATLAB 实验　　　　　　　　　　　曹艳华　肖　瑜　吕广红　主编
Shuzhi Fenxi Yuanli ji MATLAB Shiyan

策划编辑:王新华
责任编辑:王新华
封面设计:原色设计
责任校对:曾　婷
责任监印:周治超
出版发行:华中科技大学出版社(中国·武汉)　　　　电话:(027)81321913
　　　　　武汉市东湖新技术开发区华工科技园　　　　邮编:430223
录　　排:武汉市洪山区佳年华文印部
印　　刷:武汉科源印刷设计有限公司
开　　本:710mm×1000mm　1/16
印　　张:15.5
字　　数:309 千字
版　　次:2022 年 4 月第 1 版第 1 次印刷
定　　价:39.80 元

前　言

随着计算科学的迅速发展及在其他科学技术问题中的广泛应用,继理论方法和实验方法之后,数值计算方法已成为当今科学研究的第三种基本手段,它是计算数学、计算机科学与其他工程学科相结合的产物。目前,科学技术已经进入"纳米时代""互联网时代",各种高科技领域涌现出大量高度复杂的计算问题,使得发展、推广数值计算方法变得尤为重要。

学习数值分析,不但要掌握其基本的理论与算法,还必须通过计算机编程实现各种算法,从而进一步理解相关的算法理论。本书使用 Matlab 语言在计算机上实现各种数值算法,解决实际应用问题,其主要依据如下:

(1) Matlab 本身就是一种科学计算环境,其数值计算功能强大,已被广泛应用于求解科学工程中的计算问题。

(2) Matlab 具有丰富的数学函数,在学习有关数值分析内容时可直接使用这些函数,加深对数值分析理论的理解。例如,在 Matlab 中执行命令 x= A\b 可方便地求解线性方程组或最小二乘问题。

(3) Matlab 体现了当前科学计算的发展趋势,如尽量使用向量运算而不是使用循环语句(可以节约大量计算时间),同时提供了丰富的图形工具,易于对计算结果进行可视化处理。为了使读者更易于理解,本书中大部分程序仍然使用了循环语句,这是因为本书中的程序所需计算时间都是非常短的,在几秒内就可以给出计算结果,但是在大型的科学计算中,程序的运行效率是必须考虑的重要问题之一。

(4) 相比于其他编程语言,Matlab 语法简洁、易于掌握,可节省编程实验时间。

本书的主要内容与一般的"数值分析"教材基本一致,包括(非)线性方程(组)的求解、插值法、函数逼近与曲线拟合、数值积分与数值微分、常微分方程求解、矩阵特征值问题的求解,但本书着重于算法设计与编程实现,强调通过理论联系实际提高学生的动手编程能力。为此,本书力求做到以下几点:

(1) 对相关数学理论、相关算法的介绍尽量简明扼要。

(2) 强调算法的实际应用与分析比较,对书中出现的算法以程序代码的形式描述,还对某些案例从时间上和空间上分析了其复杂度及在实际应用中的细节问题。

(3) 从读者的角度出发,增强了可读性与实用性。本书中的所有案例均给出了 Matlab 源程序。

　　本书适用于数学、计算机、物理、工程类专业的本科生与研究生,也适用于从事科学与工程计算的科技工作者。本书提供了丰富多彩的案例,并对每个案例的应用注意事项及结果进行了必要的分析。本书中所有的源代码只需在默认安装的 Matlab 上即可执行,并不依赖于第三方插件。所有掌握高等数学和 Matlab 语法的读者在看完本书后,均可以得心应手地、高效简洁地、精确地解决各类数值分析中常见的问题。

　　本教材获第十一批江西省研究生优质课程和案例建设项目"数值分析原理及其 MATLAB 编程"资助。

　　数值分析博大精深,新算法层出不穷。编写本书是一个小小的尝试,希望为刚刚接触这个领域的读者打好基础、产生兴趣起到"抛砖引玉"的作用。由于作者水平有限,本书的选材和内容的叙述难免存在不妥之处,诚恳地希望读者和同行们批评指正。

编　者
2021 年 9 月

目　　录

第1章　绪　　论

Matlab 是英文 Matrix Laboratory(矩阵实验室)的缩写,它是由美国 Math-Works 公司推出的用于数值计算和图形处理的科学计算系统环境,具有优秀的数值计算功能和卓越的数据可视化能力。时至今日,Matlab 已经发展成为适合多学科、多种工作平台的功能强大的大型软件。

由于本书的主要内容是数值计算中的基本算法,以及将这些算法在计算机上使用 Matlab 语言进行实现,因此,有必要先对 Matlab 的有关内容作简要的介绍。有编程经验的读者可以略过本部分内容。本书中所有程序都是使用 Matlab2015a 版本书写而成。如果需要更详细的介绍,可参考 MathWorks 公司的在线帮助手册:在 Matlab 命令窗口上面的工具栏中选择“help”并点击,在打开的新窗口中再点击“Documentation”,可以得到各种帮助。另外,也可以通过访问 MathWorks 公司的网站 www.mathworks.com/help 获得。

1.1　Matlab 使用简介

1.1.1　Matlab 系统的常用概念

1. 命令窗口

启动 Matlab 系统后,会弹出一个窗口,这个窗口称为 Matlab 的命令窗口。它是用户与 Matlab 解释器进行通信的工作环境。提示符“>>”表示 Matlab 解释器正等待用户输入命令。所有的 Matlab 命令、Matlab 函数及 Matlab 程序都要在这个窗口下运行。

在命令窗口中,用户可以发出 Matlab 命令。例如,为了生成一个 2×2 的矩阵,可以在提示符“>>”下,键入A=[1 2; 3 4]并回车,所得结果为

```
>> A=[1 2; 3 4]
A=
    1    2
    3    4
```

其中,命令中方括号表示矩阵,空格或逗号将每行的元素分开,而分号则将矩阵的各行数值分开。

为了求得该矩阵的逆矩阵,只要键入命令B=inv(A),所得结果为

```
>> B=inv(A)
B=
    -2.0000     1.0000
     1.5000    -0.5000
```

注:如果不想在命令窗口中显示计算结果,只要在该命令后键入一个分号再回车即可,此时,Matlab 系统只完成该命令所要求的计算任务,其结果不显示出来。这项功能在程序设计中是非常必要的。

2. 图形窗口

Matlab 系统的强大功能之一是其优秀的图像功能。对于任何作图命令,Matlab 将打开一个新窗口绘制与输出图像,这样的窗口在 Matlab 系统中称为图形窗口。

在 Matlab 环境中调用任何绘图函数绘图时,Matlab 将自动生成一个图形输出窗口,并在其中绘出图形。在缺省情况下,图形窗口的标题栏中标题为"Figure No:号码",其中"号码"为图形窗口的序号,也称为图形窗口的句柄值。标题栏下面是图形窗口的主菜单栏。

在同一个图形窗口中,可以绘出多个图像,也可以生成多个图形窗口,并选择其中的一个绘制图形。在没有图形窗口存在时,每个绘图函数都被自动生成一个图形窗口,也可以使用figure命令生成一个新的图形窗口。

1.1.2　Matlab 语法要点

Matlab 语言是一种表达式语言,其语句有类似于数学式子的格式。

1. 变量和表达式

在 Matlab 中有两个基本概念:变量和表达式。变量由变量名组成,函数名作为特殊的变量名看待。变量的类型有数值型、字符型和符号型。表达式则是由运算符、函数调用、变量名以及特殊字符组成的类似于数学表达式的式子。

Matlab 能区分组成变量名的大小写字母,如变量名A和a表示不同的变量。但 Matlab 中所有的内置函数名要使用小写字母。例如,求矩阵A的逆矩阵用inv(A)表示,若用Inv(A)则出现错误。另外,双引号则表示字符变量的值,如"正交函数"。

Matlab 使用矩阵管理方式,每执行一条输入的语句,其表达式运算求值的结果都是一个矩阵。最简单的创建矩阵的方法是在命令窗口显式地输入矩阵的元素序列,具体方法如下:将矩阵的元素用方括号括起来,按照矩阵行的顺序输入各元素,元素与元素之间用空格或逗号分开,不同的行则用分号分开,也可以用回车键代替分号,例如:

```
>> A=[1 2
```

```
3 4]
A=
    1    2
    3    4
```

注:对于阶比较大的矩阵,可以按矩阵的输入方式编辑一个文件。

用户还可以使用format命令设置或改变数据输出格式。例如,若输入

```
>> x=[4/3 1.231e-5]
```

那么,在不同的输出格式下的输出为

```
>> format short
>> x
x=
    1.3333        0.0000
>> format shorte
>> x
x=
    1.3333e+00        1.2310e-05
>> format long
>> x
x=
    1.333333333333333        0.000012310000000
```

注:format 命令只影响数据的输出格式,对 Matlab 的内部计算和数据存储的数值精度不产生任何影响。

2. Matlab 的部分基本运算符

clc:清除命令窗口的内容,对工作环境中的全部变量无任何影响;

clear all:清除工作空间的所有变量、函数;

close all:关闭所有的 Figure 窗口;

break:直接跳出该层循环;

continue:直接进入该层循环的下一次迭代;

return:直接退出程序或函数返回;

% :解释行的标识符,该标识符后的内容为注释内容;

length(x):向量 x 的长度;

A/B:方程 $XA=B$ 的解 X;

A\B:方程 $AX=B$ 的解 X;

A.*B:矩阵 A 和 B 的对应元素相乘;

A.^B:等于 $[A(i,j)\hat{\ }B(i,j)]$,A 与 B 的维数相同或其中之一为数量;

ones(m,n):生成一个元素均为 1 的 $m\times n$ 阶矩阵;

zeros(m,n):生成一个元素均为 0 的 $m\times n$ 阶零矩阵;

eye(n):生成一个 n 阶单位矩阵;

A= [ ]:生成空矩阵 A;

j:k:生成向量 $[j,j+1,\cdots,k]$;

j:i:k:生成向量 $[j,j+i,\cdots,k]$,如果 $j>k$,则生成空矩阵;

A(:,j):矩阵 A 的第 j 列;

A(i,:):矩阵 A 的第 i 行;

A(j:k):从第 j 行到第 k 行的矩阵子块;

A(:,j:k):从第 j 列到第 k 列的矩阵子块。

3. Matlab 的部分常用数学函数

sin:正弦函数;

cos:余弦函数;

tan:正切函数;

sqrt:平方根函数;

real:复数的实部;

imag:复数的虚部;

round:最临近整数截断(四舍五入);

floor(n):不大于自然数 n 的最大整数;

ceil(n):不小于自然数 n 的最小整数;

exp:以 e 为底的自然指数函数;

log:以 e 为底的自然对数函数;

erf:误差函数;

inv(A):方阵 A 的逆矩阵;

lu(A):矩阵 A 的列主元 LU 分解;

det(A):方阵 A 的行列式的值。

4. Matlab 的部分常用绘图命令

plot:二维绘图,将所给点列的相邻两点之间用直线连接;

plot3:三维空间绘图;

xlabel:x 轴标注;

ylabel:y 轴标注;

zlabel:z 轴标注。

1.1.3 简单程序设计

Matlab 的语言结构很简单,可归结为:

Matlab 语言结构＝窗口命令＋M 文件

在命令窗口输入的 Matlab 语句称为窗口命令,用以调用并执行 M 文件。M 文件在记事本窗口建立,扩展名为". m"。M 文件可以有很多个,它们可相互调用,也可以自己调用自己。但需要注意的是,M 文件要放在 Matlab 搜索路径下,且不要与 Matlab 的内置函数重名。

在功能上,M 文件分为以下两种类型。

1. 文本文件

文本文件包含一系列 Matlab 命令,当命令窗口调用它时,自动执行这些命令。文本文件的语句在工作空间中对全局变量进行运算。在文件运行过程中产生的所有变量都等价于直接从 Matlab 工作空间中直接键入的变量,因而其他文本文件和函数都可以访问这些变量。

2. 函数文件

函数文件的第一行是以 function 开头的语句(文本文件没有这一行),其中至少有一个输入或输出参数,然后是一系列 Matlab 语句。函数文件中定义的变量都是局部变量,它们只在本函数内有效。函数文件实际上定义的是一个 Matlab 的子函数,其作用与其他高级语言的子函数基本相同。但需要注意的是,函数文件的文件名必须是 function 后面的函数文件名加后缀". m"构成。

与其他计算机高级语言相似,Matlab 语言也提供了用于控制程序执行顺序的循环语句、条件转移语句,它们使得我们可以简单地实现复杂的操作和运算。下面给出几个简单程序,说明编程的基本方法。

例 1.1 设 $x=[-1,2,0,1,3]^T$ 是一个列向量,创建一个范德蒙矩阵 A,其各列元素是 x 的各次幂,即 $A=\begin{bmatrix} 1 & -1 & 1 & -1 & 1 \\ 1 & 2 & 4 & 8 & 16 \\ 1 & 0 & 0 & 0 & 0 \\ 1 & 1 & 1 & 1 & 1 \\ 1 & 3 & 9 & 27 & 81 \end{bmatrix}$。那么,可使用下面的循环语句。

程序 1.1

```
function c1( )
clear all; close all;
x=[-1;2;0;1;3];
n=length(x);
for j=1:n
for i=1:n
A(i,j)=x(i)^(j-1);
```

```
end
end
A
```

在 Matlab 命令窗口输入

```
>> c1
```

回车得到

A=

1	-1	1	-1	1
1	2	4	8	16
1	0	0	0	0
1	1	1	1	1
1	3	9	27	81

或者将使用上述循环语句改为使用 Matlab 提供的矩阵向量运算功能,如程序 1.2 所示,可得到相同的结果。

程序 1.2

```
function c2( )
clear all; close all;
x=[-1;2;0;1;3];
n=length(x);
A(:,1)=ones(n,1);
for j=2:n
A(:,j)=x.*A(:,j-1);
end
A
```

下面给出建立函数文件,并用文本文件调用函数文件的例子。

例 1.2　建立文本文件 c3. m 和函数文件 squsum. m,并用 c3. m 调用 squsum. m 求向量 $x=[-1,2,0,1,3]^T$ 元素的平方和。

程序 1.3

```
function c3( )
clear all; close all;
x=[-1;2;0;1;3];
```

```
Xsum=squsum(x)
function y=squsum(x)
[m,n]=size(x);
y=0;
for i=1:m
for j=1:n
y=y+x(i,j)*x(i,j);
end
end
```

在 Matlab 命令窗口输入

```
>> c3
```

回车得到

```
Xsum=
     15
```

注：函数文件 squsum. m 也可以放到文本文件 c3. m 中，详细用法读者可参考后面的章节。

由上述例子可见，Matlab 程序的一般结构和调用过程为：窗口命令⇒文本文件⇒函数文件，其中，文本文件和函数文件可以缺省。在通常情况下，一个作业只需一个文本文件，其主要功能是组织函数文件，完成复杂的计算任务。当有文本文件时，只要在命令窗口输入函数文件的名称，就可自动完成规定的全部任务。当没有文本文件但有一个主函数文件时，只要在命令窗口输入初始数据和该函数文件的函数语句，就可自动完成规定的任务。一个作业可能需要很多函数文件，它们是作业的核心内容。函数文件也就是用户文件，可以把它们看成库函数，供任何作业调用。

虽然 Matlab 有丰富的函数库，并且还在日益扩大，但毕竟是有限的，不可能覆盖所有的数值计算方法。因此，用户总要针对具体问题编制部分或全部程序。结合本书内容，将在以后各章给出若干 Matlab 函数文件，作为算法描述和方法应用的补充。

1.2　误差分析

1.2.1　数值计算的近似

数值分析中的计算结果并不准确地等于理论结果，因为很多因素会对数值结果的精度产生影响。比如,建立数学模型时做的近似、经验或测量造成的数据误差,以及输入结果来自以前计算的结果等。为了使最终结果准确,应采取建立更精确的数学物理模型、采用更准确的测量值,以及改变前一步的计算方案以减少输入数据误差等措施。

计算前的误差有时会超出我们的控制范围,而计算过程中的近似却往往可以控制,采用不同的算法和编程技巧对数值结果影响很大。计算过程中的近似主要有以下两方面。

1. 截断误差或方法误差

截断误差通常指的是用一个基本表达式替换一个相当复杂的算术表达式时所引入的误差。这个术语来源于用有限项泰勒级数替换一个复杂表达式。例如,对于无穷泰勒级数

$$e^{x^3} = 1 + x^3 + \frac{x^6}{2!} + \frac{x^9}{3!} + \frac{x^{12}}{4!} + \cdots + \frac{x^{3n}}{n!} + \cdots$$

如果用右边的前 4 项 $1 + x^3 + \frac{x^6}{2!} + \frac{x^9}{3!}$ 代替 e^{x^3},就可以求得 e^{x^3} 的近似值,舍掉的无穷多项为截断误差。

2. 舍入误差

无论是手工计算、利用计算器,还是使用计算机,输入与结果数据都只能用有限位数字表示,即数据的"四舍五入"会产生误差。此外,常用的十进制数据输入计算机后变成二进制数据,这个转换过程产生的误差通常也归为舍入误差。

对于一个给定问题,有时只有截断误差和舍入误差中的某一个占主导地位。一般地,能在有限步之内求解的纯代数问题,舍入误差往往占主导地位(比如高斯消去法),而对于涉及积分、求导、非线性这类理论上是无限逼近过程的问题,截断误差往往占主导地位。因此,分析不同问题的计算误差时,应有所侧重。

1.2.2　误差

1. 误差与有效数字

误差用来表示计算值(近似值)接近真实值(准确值)的程度,定义如下:

定义 1.1　设 $\hat{p}$ 是 p 的近似值,则 $E_p = p - \hat{p}$ 称为绝对误差,简称误差;$R_p = (p - \hat{p})/p$ 称为相对误差,其中 $p \neq 0$。

绝对误差仅仅是真实值与近似值之差,而相对误差在很大程度上取决于真实值。当 $|p|$ 远离(大于或小于)1 时,相对误差 R_p 比误差 E_p 能更好地表示近似值的精确程度。

注:如果真实值为 0,则相对误差没有意义。

在实际问题中,不可能知道绝对误差和相对误差的准确值,一般只能估计或限

定误差的范围。误差的绝对值的上限称为误差限,而相对误差绝对值的上限称为相对误差限。也常用 $R_{\hat{p}}=(p-\hat{p})/\hat{p}$ 来表示相对误差。

在表示一个近似值时,常常涉及有效数字的概念。

定义 1.2　如果 d 是满足下列不等式的最大正整数,则称数 $\hat{p}$ 近似 p 时具有 d 位有效数字:

$$|R_p|=\frac{|p-\hat{p}|}{|p|}<\frac{10^{1-d}}{2}$$

近似数的精度和准确度两个概念含义接近,为了表达更严谨,应注意区分。精度与有效数字的位数有关,而准确度则与准确的有效数字位数有关(因为它与相对误差有联系)。例如,"双精度浮点数"指表示浮点数时采用了较多的二进制位数,但并不说明其准确程度。又如,我们可以说 3.14111111 是一个有 9 位(十进制)数字精度的数,但它作为 π 的近似值时准确度并不高,只有 4 位准确的有效数字。再比如,设有两个数 $x=3.1415926536$ 和 $y=3.1415957341$,两者几乎相等,而且都有 11 位数字精度。它们的差为:$x-y=-0.0000030805$。因为 x 和 y 的前 6 位相同,所以它们的差只有 5 位数字精度。这种现象称为精度损失。因此,仅仅采用较高精度的数进行数值计算并不能保证计算结果的准确度。

2. 误差传播

下面讨论在连续计算中误差是如何传播的。

考虑数 p 和 q(真实值)的加法运算,它们的近似值分别为 $\hat{p}$ 和 $\hat{q}$,误差分别为 ε_p 和 ε_q,即 $p=\hat{p}+\varepsilon_p, q=\hat{q}+\varepsilon_q$,则

$$p+q=(\hat{p}+\hat{q})+(\varepsilon_p+\varepsilon_q)$$

因此,对于加法运算,和的误差是每个加数的误差的和。在乘法计算过程中,误差的传播更为复杂。

$$pq=(\hat{p}+\varepsilon_p)(\hat{q}+\varepsilon_q)=\hat{p}\hat{q}+\hat{p}\varepsilon_q+\varepsilon_p\hat{q}+\varepsilon_p\varepsilon_q$$

即

$$pq-\hat{p}\hat{q}=\hat{p}\varepsilon_q+\varepsilon_p\hat{q}+\varepsilon_p\varepsilon_q$$

因此,如果 $\hat{p}$ 和 $\hat{q}$ 的绝对值都大于1,则原来的误差 ε_p 和 ε_q 将被放大为 $\hat{p}\varepsilon_q$ 和 $\varepsilon_p\hat{q}$。假设 $p\neq0$ 且 $q\neq0$,则其乘积的相对误差为

$$R_{pq}=\frac{pq-\hat{p}\hat{q}}{pq}=\frac{\hat{p}\varepsilon_q+\varepsilon_p\hat{q}+\varepsilon_p\varepsilon_q}{pq}=\frac{\hat{p}\varepsilon_q}{pq}+\frac{\varepsilon_p\hat{q}}{pq}+\frac{\varepsilon_p\varepsilon_q}{pq}$$

更进一步,若 $\hat{p}$ 和 $\hat{q}$ 是 p 和 q 的非常好的近似,即 $\hat{p}/p\approx1,\hat{q}/q\approx1$,且 p 和 q 的相对误差 R_p 和 R_q 的乘积 $R_pR_q=(\varepsilon_p/p)(\varepsilon_q/q)\approx0$,将其代入 R_{pq},得到

$$R_{pq}\approx\frac{\varepsilon_q}{q}+\frac{\varepsilon_p}{p}+0=R_p+R_q$$

这表明 p 和 q 的乘积的相对误差在一定条件下大致等于 $\hat{p}$ 和 $\hat{q}$ 相对误差的和。

初始误差通常通过一系列的计算进行传播。对于任何数值计算而言,都要尽量减小初始误差。初始条件下的小误差对最终结果产生的影响较小的算法称为稳定算法,否则称为不稳定算法。算法的稳定性反映了"计算过程中"的扰动对计算结果的影响程度的大小,在数值分析中,应尽量选用稳定的算法。

例 1.3(对舍入误差不敏感的算法) 有长度为 100 的数组,每个数组元素都是仅有 2 位有效数字的实数,并且假设执行 2 位数字精度的浮点运算,求这些元素的和。

常规的算法是按数组存储顺序依次累加数值,但它可能导致结果有很大误差。例如,假设数组中的数依次为:$1.0, 0.01, \cdots, 0.01$(共 99 个相同的 0.01),由于浮点计算的舍入误差,按常规算法得到的结果为 1.0,大大偏离准确解。

另一种算法是先按元素绝对值递增的顺序对数组进行排序,然后依次累加元素。对于上述数据,该算法的结果为 2.0,非常接近准确值。显然,这个算法才是解决问题的稳定算法,因为它不太容易受到计算过程中舍入误差的影响。

定义 1.3 设 ε 表示初始误差,$\varepsilon(n)$ 表示第 n 步计算后的误差。如果 $|\varepsilon(n)| \approx n\varepsilon$,则称误差按线性增长。如果 $|\varepsilon(n)| \approx K^n\varepsilon$,则称误差按指数增长。如果 $K > 1$,则当 n 趋于无穷大时,指数误差趋于无穷大。如果 $0 < K < 1$,则当 n 趋于无穷大时,指数误差趋于零。

下面考虑数据的传递误差。以一个简单的函数求值为例:假设函数 $f: \mathbf{R} \to \mathbf{R}$,$x$ 为函数输入参数的准确值,则准确结果为 $f(x)$。由于数据误差,实际使用的输入值为 $\hat{x}$,同时计算函数 f 的过程也存在近似,这使得最终计算结果为 $\hat{f}(\hat{x})$,其中 $\hat{f}$ 函数代表计算过程中的近似。因此,总误差为

$$f(x) - \hat{f}(\hat{x}) = [f(x) - f(\hat{x})] + [f(\hat{x}) - \hat{f}(\hat{x})]$$

其中右边第一项 $f(x) - f(\hat{x})$ 是由输入数据误差经过精确的函数求值过程产生的误差,即数据误差传递到结果的误差。第二项 $f(\hat{x}) - \hat{f}(\hat{x})$ 是输入同为 $\hat{x}$ 时计算过程的误差,它是单纯的计算误差。

1.2.3 问题的敏感性

数据传递误差主要是由问题的敏感性决定,与具体算法的选择无关。

定义 1.4 问题的敏感性是指输入数据的扰动对问题解的影响程度的大小,也称问题的病态性。如果输入数据的相对变化引起解的相对变化不是很大,则称这个问题是不敏感的或是良态的;反之,如果解的相对变化远远超过输入数据的变化,则称这个问题是敏感的或病态的。

为了定量地分析问题的敏感性,下面引入问题的条件数的概念。

定义 1.5 问题的条件数(相对条件数)定义为

$$\text{cond} = \frac{\|\text{问题的解的相对变化量}\|}{\|\text{输入数据的相对变化量}\|}$$

其中算符 $\|\cdot\|$ 表示范数。

定义 1.5 表明,条件数为解的相对变化与输入数据相对变化的比值。如果一个问题的条件数远远大于 1,则称这个问题是病态的。条件数也可以理解为输入数据误差的"放大因子",如果问题是病态的,则即使输入数据的相对误差很小,引起的解的相对误差也可能很大。以前面的函数求值问题为例,其条件数有下面的计算公式:

$$\text{cond} = \left| \frac{[f(x) - f(\hat{x})]/f(x)}{(x - \hat{x})/x} \right|$$

注:条件数是针对具体问题而言的,不涉及求解的具体方法,因此计算条件数的公式中使用的是准确函数,而不是实际计算对应的近似函数。即使是同一个问题,条件数也会随输入数据而变化。在实际过程中,一般不能求出条件数的具体值,只能在输入数据的可能变化范围内对条件数进行粗略的估计或给出其上限。这样,输入数据扰动和引起解的相对误差之间就满足一个近似的不等式:

$$\|\text{数据传递的相对误差}\| \leqslant \text{或} \approx \text{cond} \times \|\text{输入数据的相对变化}\|$$

这个式子考虑了数据传递误差的最差情况。

下面进一步分析函数求值问题的条件数。假设函数 $f(x)$ 可微,则

$$f(x) - f(\hat{x}) \approx f'(\hat{x})(x - \hat{x})$$

所以

$$\text{cond} = \left| \frac{[f(x) - f(\hat{x})]/f(x)}{(x - \hat{x})/x} \right| \approx \left| \frac{x f'(\hat{x})}{f(x)} \right|$$

1.2.4　$O(h^n)$ 阶逼近

序列 $\left\{ \dfrac{1}{n^2} \right\}_{n=1}^{\infty}$ 和 $\left\{ \dfrac{1}{n} \right\}_{n=1}^{\infty}$ 都收敛于 0,而且第一个序列比第二个序列收敛到零的速度快。

定义 1.6　设有函数 $f(h)$ 和 $g(h)$,如果存在常数 C 和 h_0,使得对于任意 $h(h \leqslant h_0)$,有

$$|f(h)| \leqslant C |g(h)|$$

则称函数 $f(h)$ 为函数 $g(h)$ 的同阶函数,可表示为 $f(h) = O(g(h))$。同阶函数提供了一个描述函数增长率的有效方法。

通常用函数 $p(h)$ 来近似函数 $f(h)$,其误差界表示为 $M|h^n|$,这样就引出下面的定义。

定义 1.7　设函数 $f(h)$ 的近似函数为 $p(h)$,且存在非负常数 M、h_0 和正整数 n,对于任意 $h(h \leqslant h_0)$,满足

$$\frac{\mid f(h) - p(h) \mid}{\mid h^n \mid} \leqslant M$$

则称函数 $p(h)$ 以近似阶 $O(h^n)$ 来近似函数 $f(h)$,可表示为

$$f(h) = p(h) + O(h^n)$$

下面定义两个函数误差收敛阶的四则运算。

定理 1.1　设 $f(h) = p(h) + O(h^n)$,$g(h) = q(h) + O(h^m)$,$r = \min\{m,n\}$,则

$$f(h) + g(h) = p(h) + q(h) + O(h^r)$$

$$f(h)g(h) = p(h)q(h) + O(h^r)$$

在数值分析中,经常用到泰勒展开式,下面给出泰勒定理。

定理 1.2(泰勒定理)　设 $f(x) \in C^{n+1}[a,b]$,x_0、$x_0 + h$ 均属于 $[a,b]$,则

$$f(x_0 + h) = \sum_{k=0}^{n} f^{(k)}(x_0) \cdot h^k / k! + O(h^{n+1})$$

通过计算一系列逐渐接近解析解的近似值,可以对函数进行数值逼近。下面给出收敛阶的概念。

定义 1.8　设 $\lim_{n \to \infty} x_n = x$,$\lim_{n \to \infty} r_n = 0$。如果存在非负实数 K,对足够大的 n 满足

$$\frac{\mid x - x_n \mid}{\mid r_n \mid} \leqslant K$$

则称序列 $\{x_n\}_{n=1}^{\infty}$ 以收敛阶 $O(r_n)$ 收敛于 x。

1.2.5　数值运算中的一些原则

数值运算总是在一个预先设计好的算法中进行的。所谓算法,就是一个有限的基本运算序列,这个序列规定了怎样从输入数据去计算出问题的解。由于运算是在计算机上进行的,而计算机的位长有限,因而产生舍入误差。为减小舍入误差的影响,设计算法时应遵循以下原则:

(1) 避免除数绝对值远远小于被除数绝对值的除法;

(2) 避免两个相近数相减;

(3) 防止大数"吃掉"小数;

(4) 注意简化计算步骤,减少运算次数;

(5) 算法要有数值稳定性,即能控制舍入误差的传播。

本 章 小 结

本章主要介绍了数学软件 Matlab 的使用以及使用 Matlab 软件实现数值计算时误差产生的原因及传递原理。本章对 Matlab 的简单介绍,是为了方便对该软件的使用,以及阅读后续 Matlab 函数文件,从而加深对数值方法原理和算法思想的理解,培养和提高实际计算能力。

第 2 章　非线性方程求解

线性方程是方程中仅含有未知量的一次项和常数项的方程,除此之外的方程都是非线性方程。例如,大家熟悉的"一元二次方程"就是非线性方程。多元线性方程组的求解是数值计算领域中的一个重要问题,在后面章节中专门介绍。本章主要介绍实数域中非线性方程求根的数值方法,重点是单个非线性方程的求根问题。

对于非线性方程 $f(x)=0$,其中函数 $f:\mathbf{R}\rightarrow\mathbf{R}$,其理论远不如线性方程成熟有效,判断其解的存在性和解的个数几乎没有任何可行的方法。利用 Matlab 提供的函数,可以求解一些简单的非线性方程,通过编程可以解决一些较为复杂的非线性方程。

非线性方程求根的数值方法主要有夹逼法(二分法和黄金分割法)和迭代法两大类。下面分别介绍。

2.1　Matlab 中非线性方程求根函数

Matlab 中求解非线性方程的函数主要是 fzero 和 fsolve,其中 fzero 可以用来求解非线性方程,fsolve 可以用来求解非线性方程和非线性方程组。

2.1.1　fzero 函数

fzero 函数只能求解一元函数穿越横轴的零点,不能确定函数曲线仅接触而不穿越横轴的零点,每次只能求出函数的一个零点,其基本用法如下:

(1) x=fzero(f,x_0):求函数 f 在 x_0 附近的根。

(2) x=fzero(f,x_0,option):使用优化选项求函数 f 在 x_0 附近的根;option 可选的值有很多,具体可参考 Matlab 帮助文件。

(3) [x,fval]=fzero(f,x_0,option):使用优化选项求函数 f 在 x_0 附近的根,而且 fval 给出 $f(x)$ 在零点处的值。

(4) [x,fval,exitflag]=fzero(f,x_0,option):使用优化选项求函数 f 在 x_0 附近的根,而且 fval 给出 $f(x)$ 在零点处的值,exitflag 标志着求解成功或失败。

应用实例 2.1　采用 fzero 函数求解方程 $x^2+x-1=0$ 在 $x_0=0.5$ 附近的根。

程序 2.1

```
function c1( )
```

```
% fzero 函数求解非线性方程
clear all; close all;
f=@ (x) x^2+x-1;
[x,fval,exitflag]=fzero(f,0.5)
```

在 Matlab 命令窗口输入

`>> c1`

回车得到

```
x=
    0.6180
fval=
    -1.1102e-16
exitflag=
        1
```

从输出结果可知,方程在 $x_0 = 0.5$ 附近的根为 $x = 0.6180$,$f(x)$ 在 $x = 0.6180$ 的值 fval$= -1.1102 \times 10^{-16}$,非常接近 0,求解状态 exitflag=1 表示求解成功。

fzero 函数还可以求解函数 $f(x)$ 在某个区间上的一个根,但此时需要注意的是,只有函数 $f(x)$ 在区间端点处的函数值符号相反才可以。

应用实例 2.2　采用 fzero 函数求解方程 $\sin x - 0.5 = 0$ 在区间 $[0,2]$ 上的根。

程序 2.2

```
function c2( )
% fzero 函数求解非线性方程在某个区间上的根
clear all; close all;
f=@ (x) sin(x)-0.5;
[x,fval,exitflag]=fzero(f,[0 2])
```

在 Matlab 命令窗口输入

`>> c2`

回车得到

```
x=
    0.5236
fval=
        0
```

```
exitflag=
         1
```

从输出结果可知,方程在区间$[0,2]$上的根为$x=0.5236$,$f(x)$在$x=0.5236$的值 fval=0,求解状态 exitflag=1 表示求解成功。

下面给出一个 fzero 函数求解不成功的例子。

应用实例 2.3　采用 fzero 函数求解方程 $f(x)=4/(1+x)$ 在 $x_0=2$ 附近的根。

程序 2.3

```
function c3( )
clear all; close all;
f=@ (x)4/(1+x);
[x,fval,exitflag]=fzero(f,2)
```

在 Matlab 命令窗口输入

```
>> c3
```

回车得到

```
x=
   -1.0000
fval=
      9.0072e+15
exitflag=
        -5
```

从理论上说,$f(x)$不存在根。从输出结果可知,此方程无根,$f(x)$在$x=-1.0000$的值 fval=9.0072×10^{15},求解状态 exitflag=-5 表示求解失败。

2.1.2　fsolve 函数

fsolve 函数不仅可以求解单变量非线性方程的根,也可以求解多变量非线性方程组的根(参见第 4 章)。其基本用法如下:

(1) x=fsolve(f,x_0):求函数 $f(x)$ 在 x_0 附近的根。

(2) x=fsolve(f,x_0,option):使用优化选项求函数 $f(x)$ 在 x_0 附近的根。

(3) [x, fval]=fsolve(f,x_0,option):使用优化选项求函数 $f(x)$ 在 x_0 附近的根,且给出 $f(x)$ 在零点对应的值。

(4) [x,fval,exitflag]=fsolve(f,x_0,option):使用优化选项求函数 $f(x)$ 在 x_0 附近的根,且给出 $f(x)$ 在零点对应的值,exitflag 标志着求解状态。

（5）$[x,fval,exitflag,output]$=fsolve(f,x_0,option)：使用优化选项求函数 $f(x)$ 在 x_0 附近的根，且给出 $f(x)$ 在零点对应的值，exitflag标志着求解状态，output包含优化后的结果信息。

（6）$[x,fval,exitflag,output,jacobian]$=fsolve(f,$x_0$,option)：使用优化选项求函数 $f(x)$ 在 x_0 附近的根，且给出 $f(x)$ 在零点对应的值，exitflag标志着求解状态，output包含优化后的结果信息，jacobian为零点 x 处的雅可比（又译雅各比）矩阵。

应用实例 2.4　采用**fsolve**函数求解方程 $x^2-1=0$ 在 $x_0=0.9$ 附近的根。

程序 2.4

```
function c4( )
% fsolve 函数求解非线性方程的根
clear all; close all;
f=@ (x) x^2-1;
[x,fval,exitflag]=fsolve(f,0.9)
```

在 Matlab 命令窗口输入

```
>> c4
```

回车得到

```
x=
    1.0000
fval=
      2.3583e-10
exitflag=
      1
```

从输出结果可知，方程在 $x_0=0.9$ 附近的根为 $x=1.0000$，$f(x)$ 在点 $x=1.0000$ 的值 fval$=2.3583\times10^{-10}$，非常接近 0，求解状态exitflag=1表示求解成功。

2.2　二分法与黄金分割法

下面给出几种求根的数值方法，如不特别说明，都是在某个区间 $[a,b]$ 内求方程 $f(x)=0$ 的一个根。其理论依据为：如果 $f(a)f(b)<0$，则在区间 (a,b) 上方程 $f(x)=0$ 至少存在一个实根。

二分法的求解步骤如下：

（1）计算 $f(x)$ 在区间 $[a,b]$ 中点的函数值 $f\left(\dfrac{a+b}{2}\right)$，作以下判断：

如果 $f(a)f\left(\dfrac{a+b}{2}\right)<0$，令 $b=\dfrac{a+b}{2}$，转到步骤(2)；

如果 $f(a)f\left(\dfrac{a+b}{2}\right)>0$，令 $a=\dfrac{a+b}{2}$，转到步骤(1)；

如果 $f(a)f\left(\dfrac{a+b}{2}\right)=0$，则 $x=\dfrac{a+b}{2}$ 为一个根。

(2) 如果 $|a-b|<\varepsilon$，ε 为预先给定的精度，则 $x=\dfrac{3a+b}{4}$ 为一个根，否则转到步骤(1)。

应用实例 2.5　采用二分法求解方程 $x^3-3x+1=0$ 在区间 $[0,1]$ 上的一个根。

程序 2.5

```
function c5( )
% 二分法求解非线性方程的根
clear all; close all;
eps=10^(-8);
x=halfinterval(0,1,eps)
function root=halfinterval(a,b,eps)
f1=myfun(a);   % 两端点的函数值
f2=myfun(b);
if(f1==0)
root=a;
end
if(f2==0)
root=b;
end
if(f1*f2> 0)
disp('两端点函数值乘积大于 0')
return
else
root=findroots(a,b,eps);
end
return
function r=findroots(a,b,eps)
f1=myfun(a); %  两端点的函数值
```

```
f2=myfun(b);
mf=myfun((a+b)/2); %  中点函数值
if(f1*mf> 0)
t=(a+b)/2;
r=findroots(t,b,eps);
else
if(f1*mf==0)
r=(a+b)/2;
else
if(abs(b-a)<=eps)
r=(b+3*a)/4;
else
s=(a+b)/2;
r=findroots(a,s,eps);
end
end
end
return
function f=myfun(x)
f=x^3-3*x+1;
return
```

在 Matlab 命令窗口输入

```
>> c5
```

回车得到

```
x=
 0.3473
```

从输出结果可知,方程 $x^3-3x+1=0$ 在区间 $[0,1]$ 上的一个根 $x=0.3473$。

二分法是把求解区间的长度逐次减半,而黄金分割法则是把求解区间逐次缩短为上次区间长度的 0.618 倍。其求解步骤如下:

(1) 设 $t_1=a+(1-0.618)(b-a)$, $t_2=a+0.618(b-a)$, 且 $f_1=f(t_1)$, $f_2=f(t_2)$。

(2) 如果 $|t_1-t_2|<\varepsilon$, ε 为预先给定的精度,则 $x=\dfrac{t_1+t_2}{2}$ 为一个根,否则转到

步骤(3)。

(3) 如果 $f_1 * f_2 < 0$，则令 $a = t_1$，$b = t_2$，转到步骤(1)；如果 $f_1 * f(a) > 0$，令 $a = t_2$，反之则令 $b = t_1$，转到步骤(1)。

应用实例 2.6　采用黄金分割法求解方程 $x^3 - 3x + 1 = 0$ 在区间 $[0,1]$ 上的一个根。

程序 2.6

```
function c6( )
% 黄金分割法求解非线性方程的根
clear all; close all;
eps=10^(-8);
x=hj(0,1,eps)
function root=hj(a,b,eps)
f1=myfun(a);　% 两端点的函数值
f2=myfun(b);
if(f1==0)
root=a;
end
if(f2==0)
root=b;
end
if(f1*f2> 0)
disp('两端点函数值乘积大于 0')
return
else
t1=a+(b-a)*(1-0.618);
t2=a+(b-a)*0.618;
f_1=myfun(t1);
f_2=myfun(t2);
tol=abs(t1-t2);
while(tol> eps)
if(f_1*f_2< 0)
a=t1;
b=t2;
else
```

```
fa=myfun(a);
if(f_1*fa> 0)
a=t2;
else
b=t1;
end
end
t1=a+(b-a)*(1-0.618);
t2=a+(b-a)*0.618;
f_1=myfun(t1);
f_2=myfun(t2);
tol=abs(t1-t2);
end
root=(t1+t2)/2;
end
return
function f=myfun(x)
f=x^3-3*x+1;
return
```

在 Matlab 命令窗口输入

```
>> c6
```

回车得到

```
x=
    0.3473
```

从输出结果可知,方程 $x^3-3x+1=0$ 在区间 $[0,1]$ 上的一个根 $x=0.3473$,与二分法求出来的结果相同。

2.3　不动点迭代法

下面给出几种求解非线性方程的迭代方法。

首先将方程 $f(x)=0$ 改写为

$$x=f(x)+x$$

则得到不动点迭代公式

$$x^{(k+1)} = f(x^{(k)}) + x^{(k)}$$

应用实例 2.7　采用不动点迭代法求解方程 $\dfrac{1}{\sqrt{x}} + x - 2 = 0$ 的一个根, 迭代初

始值为 0.5。

程序 2.7

```
function c7( )
% 不动点迭代法求解非线性方程的根
clear all; close all;
eps=10^(-8);
x0=0.5;   % 初始迭代值
[x,n]=stablepoint(x0,eps)
function [root,n]=stablepoint(x0,eps)
tol=1;
root=x0;
n=0;
while(tol> eps)
n=n+1;
r1=root;
root=myfun(r1)+r1;   % 迭代法的核心公式
tol=abs(root-r1);
end
function f=myfun(x)
f=1/sqrt(x)+x-2;
return
```

在 Matlab 命令窗口输入

```
>> c7
```

回车得到

```
x=
    0.3820
n=
    8
```

从输出结果可知, 经过 8 次迭代, 方程 $\dfrac{1}{\sqrt{x}} + x - 2 = 0$ 的一个根为 $x = 0.3820$。

经验证,函数 $\frac{1}{\sqrt{x}}+x-2$ 在 $x=0.3820$ 点的值为 -3.7996×10^{-5},比较接近 0。

上述不动点迭代法很有可能不收敛,因为迭代法的本质是求函数 $y=f(x)+x$ 与直线 $y=x$ 的交点,而其交点不一定存在。即使这种不动点迭代法收敛,其收敛速度也十分缓慢,因此有了艾特肯加速迭代法与史蒂芬森加速迭代法。

艾特肯加速迭代法是在计算出 $x^{(n)},x^{(n+1)},x^{(n+2)}$ 后,对 $x^{(n+1)}$ 作以下修改:

$$\hat{x}^{(n+1)}=x^{(n)}-\frac{(x^{(n+1)}-x^{(n)})^2}{x^{(n+2)}-2x^{(n+1)}+x^{(n)}}$$

然后用 $\hat{x}^{(n+1)}$ 来逼近方程的根。

艾特肯加速迭代法是先用不动点迭代法算出一系列 $\{x^{(n)}\}$,再对此系列作修正得到 $\{\hat{x}^{(n)}\}$,然后用 $\{\hat{x}^{(n)}\}$ 逼近方程的根。

应用实例 2.8　采用艾特肯加速迭代法求解方程 $\frac{1}{\sqrt{x}}+x-2=0$ 的一个根,迭代初始值为 0.5。

程序 2.8

```
function c8( )
% 艾特肯加速迭代法求解非线性方程的根
clear all; close all;
eps=10^(-8);
x0=0.5;  % 初始迭代值
[x,n]=atkenstablepoint(x0,eps)
function [root,n]=atkenstablepoint(x0,eps)
tol=1;
root=x0;
n=0;
m=0;
a2=x0;
while(tol> eps)
n=n+1;
a1=a2;
r1=root;
root=myfun(r1)+r1;
x(n)=root;
if(n> 2)
m=m+1;
```

```
a2=x(m)-(x(m+1)-x(m))^2/(x(m+2)-2*x(m+1)+x(m));
tol=abs(a2-a1);
end
end
root=a2;
return
function f=myfun(x)
f=1/sqrt(x)+x-2;
return
```

在 Matlab 命令窗口输入

```
>> c8
```

回车得到

```
x=
    0.3820
n=
    6
```

从输出结果可知,初始迭代值取为 0.5,经过 6 次迭代,求出方程 $\frac{1}{\sqrt{x}}+x-2=0$ 的一个根 $x=0.3820$。若将初始迭代值取为 $x_0=0.999$,迭代终止精度取为 $\varepsilon=10^{-4}$,经过 4 次迭代,可以得到方程的另外一个根 $x=1.0$,而普通的不动点迭代法得不到根 $x=1.0$。

史蒂芬森加速迭代法与艾特肯加速迭代法不同的地方在于艾特肯加速迭代法是在迭代的同时就进行修正,而史蒂芬森加速迭代法是在普通的不动点迭代法结束后才进行修正。史蒂芬森加速迭代法的迭代公式为

$$y^{(n)}=f(x^{(n)})+x^{(n)}$$
$$z^{(n)}=f(y^{(n)})+y^{(n)}$$
$$x^{(n+1)}=x^{(n)}-\frac{(y^{(n)}-x^{(n)})^2}{z^{(n)}-2y^{(n)}+x^{(n)}}$$

应用实例 2.9　采用史蒂芬森加速迭代法求解方程 $\frac{1}{\sqrt{x}}+x-2=0$ 除 $x=0.3820$ 外的另一个根,迭代初值为 0.999,迭代终止精度为 $\varepsilon=10^{-8}$。

程序 2.9

```
function c9( )
% 史蒂芬森加速迭代法求解非线性方程的根
```

```
clear all; close all;
eps=10^(-8);
x0=0.999;   % 初始迭代值
[x,n]=stevenstablepoint(x0,eps)
function [root,n]=stevenstablepoint(x0,eps)
tol=1;
root=x0;
n=0;
while(tol> eps)
n=n+1;
r1=root;
y=myfun(r1)+r1;
z=myfun(y)+y;
root=r1-(y-r1)^2/(z-2*y+r1);
tol=abs(root-r1);
end
return
function f=myfun(x)
f=1/sqrt(x)+x-2;
return
```

在 Matlab 命令窗口输入

```
>> c9
```

回车得到

```
x=
    1.0000
n=
    3
```

从输出结果可知,经过 3 次迭代,方程 $\frac{1}{\sqrt{x}}+x-2=0$ 的另一个根 $x=1.0$,而且它比艾特肯加速迭代法更快更精确地求出根 $x=1.0$。

2.4　弦截法与抛物线法

下面介绍求非线性方程根的弦截法与抛物线法。

弦截法的求解步骤如下：

（1）过两点$(a,f(a))$、$(b,f(b))$作一直线，它与 x 轴的交点记为 $x^{(1)}$。

（2）如果 $f(x^{(1)})=0$，则解取为 $x=x^{(1)}$，迭代终止。如果 $f(a)f(x^{(1)})<0$，过两点$(a,f(a))$、$(x^{(1)},f(x^{(1)}))$作一直线，它与 x 轴的交点记为 $x^{(2)}$，否则过两点$(b,f(b))$、$(x^{(1)},f(x^{(1)}))$作一直线，它与 x 轴的交点记为 $x^{(2)}$。

（3）如此下去，直到$|x^{(k+1)}-x^{(k)}|<\varepsilon$，则 $x^{(k)}$ 为 $f(x)=0$ 在区间$[a,b]$上的一个根。

（4）$x^{(k)}$ 的递推公式为

$$x^{(k)}=a-\frac{x^{(k-1)}-a}{f(x^{(k-1)})-f(a)}f(a)，\quad 若\ f(a)f(x^{(k-1)})<0$$

$$x^{(k)}=b-\frac{x^{(k-1)}-b}{f(x^{(k-1)})-f(b)}f(b)，\quad 若\ f(a)f(x^{(k-1)})>0$$

且 $x^{(1)}=a-\dfrac{b-a}{f(b)-f(a)}f(a)$。

应用实例 2.10　采用弦截法求解方程 $\ln x+\sqrt{x}-2=0$ 在区间$[1,4]$上的一个根。

程序 2.10

```
function c10( )
% 弦截法求解非线性方程的根
clear all; close all;
eps=10^(-8);
x=secant(1,4,eps)
function root=secant(a,b,eps)
f1=myfun(a);
f2=myfun(b);
if(f1==0)
root=a;
end
if(f2==0)
root=b;
end
if(f1*f2> 0)
disp('两端点函数值乘积大于 0')
return
else
```

```
tol=1;
fa=myfun(a);
fb=myfun(b);
root=a-(b-a)*fa/(fb-fa);
while(tol> eps)
r1=root;
fx=myfun(r1);
s=fx*fa;
if(s==0)
root=r1;
else
if(s> 0)
root=b-(r1-b)*fb/(fx-fb);
else
root=a-(r1-a)*fa/(fx-fa);
end
end
tol=abs(root-r1);
end
end
return
function f=myfun(x)
f=log(x)+sqrt(x)-2;
return
```

在 Matlab 命令窗口输入

```
>> c10
```

回车得到

```
x=
    1.8773
```

史蒂芬森弦截法是弦截法的一种变形,其递推公式为

$$x^{(k)} = x^{(k-1)} - \frac{f(x^{(k-1)})}{f(x^{(k-1)} + f(x^{(k-1)})) - f(x^{(k-1)})} f(x^{(k-1)})$$

且有

$$x^{(1)} = a - \frac{f(a)}{f(a+f(a)) - f(a)} f(a)$$

应用实例 2.11 采用史蒂芬森弦截法求解方程 $\ln x + \sqrt{x} - 2 = 0$ 在区间[1.5, 2]上的一个根。

程序 2.11

```
function c11( )
% 史蒂芬森弦截法求解非线性方程的根
clear all; close all;
eps=10^(-8);
x=stevensecant(1.5,2,eps)
function root=stevensecant(a,b,eps)
f1=myfun(a);
f2=myfun(b);
if(f1==0)
root=a;
end
if(f2==0)
root=b;
end
if(f1*f2> 0)
disp('两端点函数值乘积大于 0')
return
else
tol=1;
fa=myfun(a);
fb=myfun(b);
faa=myfun(fa+a);
root=a-fa*fa/(faa-fa);
while(tol>eps)
r1=root;
fx=myfun(r1);
v=fx+r1;
fxx=myfun(v);
root=r1-fx*fx/(fxx-fx);
```

```
tol=abs(root-r1);
end
end
return
function  f=myfun(x)
f=log(x)+sqrt(x)-2;
return
```

在 Matlab 命令窗口输入

```
>> c11
```

回车得到

```
x=
    1.8773
```

弦截法其实是用不断缩短的直线来近似函数 $f(x)$，而抛物线法则采用三个点来近似函数 $f(x)$，并且用抛物线与横轴的交点来逼近函数 $f(x)$ 的根。抛物线法的算法如下：

（1）选定初始值 x_0, x_1, x_2，计算 $f(x_0), f(x_1), f(x_2)$ 和以下差分：

$$f[x_2, x_1] = \frac{f(x_2) - f(x_1)}{x_2 - x_1}$$

$$f[x_1, x_0] = \frac{f(x_1) - f(x_0)}{x_1 - x_0}$$

$$f[x_2, x_1, x_0] = \frac{f[x_2, x_1] - f[x_1, x_0]}{x_2 - x_0}$$

一般地，可取 $x_0 = a, x_1 = b, a < x_2 < b$。但需要注意的是，要使得选取的三个点不共线。

（2）用牛顿插值法对三点 $(x_0, f(x_0)), (x_1, f(x_1)), (x_2, f(x_2))$ 进行插值，得到一条抛物线，它有两个根

$$x_3 = x_2 - \frac{2A}{B \pm \sqrt{B^2 - 4AC}}$$

其中

$$A = f(x_2)$$

$$C = f([x_2, x_1, x_0])$$

$$B = f([x_2, x_1]) + f([x_2, x_1, x_0])(x_2 - x_1)$$

两个根中只取靠近 x_2 的那个根，即 $\pm$ 号取与 B 同号的那一个，亦即

$$x_3 = x_2 - \frac{2A}{B + \mathrm{sgn}(B)\sqrt{B^2 - 4AC}}$$

（3）用 x_1, x_2, x_3 代替 x_0, x_1, x_2，重复以上步骤，得到以下递推公式：

$$x_{n+1} = x_n - \frac{2A_n}{B_n + \mathrm{sgn}(B_n)\sqrt{B_n^2 - 4A_n C_n}}$$

其中

$$A_n = f(x_n)$$
$$C_n = f([x_n, x_{n-1}, x_{n-2}])$$
$$B_n = f([x_n, x_{n-1}]) + f([x_n, x_{n-1}, x_{n-2}])(x_n - x_{n-1})$$

（4）进行精度控制。

应用实例 2.12　采用抛物线法求解方程 $\dfrac{1}{\sqrt{x}} + x - 2 = 0$ 在区间 $[0.1, 1]$ 和 $[0.5, 1.5]$ 上的两个根。

程序 2.12

```
function c12( )
%  抛物线法求解非线性方程的根
clear all; close all;
eps=10^(-8);
x0=0.5;
x1=0.8;
x_1=parabola(0.1,1,x0,eps)
x_2=parabola(0.5,1.5,x1,eps)
function root=parabola(a,b,x,eps)
f1=myfun(a);
f2=myfun(b);
if(f1==0)
root=a;
end
if(f2==0)
root=b;
end
if(f1*f2>0)
disp('两端点函数值乘积大于 0')
return
```

```
else
tol=1;
fa=myfun(a);
fb=myfun(b);
fx=myfun(x);
d1=(fb-fa)/(b-a);
d2=(fx-fb)/(x-b);
d3=(d2-d1)/(x-a);
B=d2+d3*(x-b);
root=x-2*fx/(B+sign(B)*sqrt(B^2-4*fx*d3));
t=zeros(3);
t(1)=a;
t(2)=b;
t(3)=x;
while(tol> eps)
t(1)=t(2);
t(2)=t(3);
t(3)=root;
f1=myfun(t(1));
f2=myfun(t(2));
f3=myfun(t(3));
d1=(f2-f1)/(t(2)-t(1));
d2=(f3-f2)/(t(3)-t(2));
d3=(d2-d1)/(t(3)-t(1));
B=d2+d3*(t(3)-t(1));
root=t(3)-2*f3/(B+sign(B)*sqrt(B^2-4*f3*d3));
tol=abs(root-t(3));
end
end
return
function f=myfun(x)
f=1/sqrt(x)+x-2;
return
```

在 Matlab 命令窗口输入

```
>> c12
```

回车得到

```
x_1=
    0.3820
x_2=
    1.0000
```

2.5　牛顿迭代法

弦截法本质上是一种割线法，它从两端向中间逐渐逼近方程的根。而牛顿迭代法本质上是一种切线法，它从一端向另一端逼近方程的根，其递推公式为

$$x^{(n+1)}=x^{(n)}-\frac{f(x^{(n)})}{f'(x^{(n)})}$$

初始值可以取 a、b 两点中导数较大的那一个，这样可以加快收敛速度。

应用实例 2.13　采用牛顿迭代法求解方程 $\frac{1}{\sqrt{x}}+x-2=0$ 在区间 $[0.5,1.5]$ 上的一个根。

程序 2.13

```
function c13( )
% 牛顿迭代法求解非线性方程的根
clear all; close all;
eps=10^(-8);
x=newtonroot(0.5,1.5,eps)
function root=newtonroot(a,b,eps)
f1=myfun(a);
f2=myfun(b);
if(f1==0)
root=a;
end
if(f2==0)
root=b;
end
if(f1*f2> 0)
disp('两端点函数值乘积大于 0')
```

```
return
else
tol=1;
fa=myfun(a);
fb=myfun(b);
dfa=dfun(a);
dfb=dfun(b);
if(dfa> dfb)
root=a-fa/dfa;
else
root=b-fb/dfb;
end
while(tol> eps)
r1=root;
fx=myfun(r1);
dfx=dfun(r1);
root=r1-fx/dfx;
tol=abs(root-r1);
end
end
return
function f=myfun(x)
f=1/sqrt(x)+x-2;
return
function df=dfun(x)
df=1-1/(2*x^(3/2));
return
```

在 Matlab 命令窗口输入

>> c13

回车得到

x=

　　1.0000

如果将牛顿迭代法的递推公式改为

$$x^{(n+1)} = x^{(n)} - \lambda f(x^{(n)})$$

则得到另一种牛顿迭代法。为保证算法的收敛性,每一步迭代中的系数 λ 需满足 $0 < \lambda < \dfrac{2}{f'(x^{(n)})}$。如果 λ 取常数,$\lambda = \dfrac{1}{f'(x_0)}$,则称为简化牛顿迭代法。

应用实例 2.14　采用简化牛顿迭代法求解方程 $\sqrt{x} - x^3 + 2 = 0$ 在区间 $[1.2, 2]$ 上的一个根。

程序 2.14

```
function c14( )
% 简化牛顿迭代法求解非线性方程的根
clear all; close all;
eps=10^(-8);
x=simplenewtonroot(1.2,2,eps)
function root=simplenewtonroot(a,b,eps)
f1=myfun(a);
f2=myfun(b);
if(f1==0)
root=a;
end
if(f2==0)
root=b;
end
if(f1*f2> 0)
disp('两端点函数值乘积大于 0')
return
else
tol=1;
fa=myfun(a);
fb=myfun(b);
dfa=dfun(a);
dfb=dfun(b);
if(dfa> dfb)
df0=1/dfa;
root=a-fa*df0;
else
df0=1/dfb;
```

```
root=b-fb*df0;
end
while(tol> eps)
r1=root;
fx=myfun(r1);
root=r1-fx*df0;
tol=abs(root-r1);
end
end
return
function f=myfun(x)
f=sqrt(x)-x^3+2;
return
function df=dfun(x)
df=1/(2*x^(1/2))-3*x^2;
return
```

在 Matlab 命令窗口输入

```
>> c14
```

回车得到

```
x=
   1.4759
```

如果将牛顿迭代法的递推公式改为

$$x^{(n+1)} = x^{(n)} - \alpha \frac{f(x^{(n)})}{f'(x^{(n)})} \quad (0 < \alpha \leqslant 1)$$

则得到牛顿下山法,其中 α 称为下山因子。下山因子的确定方法如下:

(1) 先取 $\alpha = 1$,求出 $x^{(n+1)}$;

(2) 判断是否满足条件 $|f(x^{(n+1)})| < |f(x^{(n)})|$,不满足的话令 $\alpha = 0.5\alpha$;

(3) 不断验证,直到 $|f(x^{(n+1)})| < |f(x^{(n)})|$。

应用实例 2.15　采用牛顿下山法求解方程 $\sqrt{x} - x^3 + 2 = 0$ 在区间 $[1.2, 2]$ 上的一个根。

程序 2.15

```
function c15( )
% 牛顿下山法求解非线性方程的根
```

```
clear all; close all;
eps=10^(-8);
x=simplenewtonroot(1.2,2,eps)
function root=simplenewtonroot(a,b,eps)
f1=myfun(a);
f2=myfun(b);
if(f1==0)
root=a;
end
if(f2==0)
root=b;
end
if(f1*f2> 0)
disp('两端点函数值乘积大于 0')
return
else
tol=1;
fa=myfun(a);
fb=myfun(b);
dfa=dfun(a);
dfb=dfun(b);
if(dfa> dfb)
root=a;
else
root=b;
end
while(tol> eps)
r1=root;
fx=myfun(r1);
dfx=dfun(r1);
toldf=1;
alpha=2;
while toldf> 0
alpha=alpha/2;
root=r1-alpha*fx/dfx;
```

```
fv=myfun(root);
toldf=abs(fv)-abs(fx);
end
tol=abs(root-r1);
end
end
return
function f=myfun(x)
f=sqrt(x)-x^3+2;
return
function df=dfun(x)
df=1/(2*x^(1/2))-3*x^2;
return
```

在 Matlab 命令窗口输入

>> c15

回车得到

x=

　　1.4759

由计算结果可知，$\sqrt{x}-x^3+2=0$ 的一个根 $x=1.4759$，而且牛顿下山法的计算收敛速度非常快。

2.6　其他实用的方程求根技术

2.6.1　两步迭代法

两步迭代法的一般公式为

$$y^{(n)}=g(x^{(n)})$$
$$x^{(n+1)}=h(y^{(n)})$$

比较常用的两步迭代法为

$$\begin{cases} y^{(n)}=x^{(n)}-\dfrac{f(x^{(n)})}{f'(x^{(n)})} \\ x^{(n+1)}=y^{(n)}-\dfrac{f(y^{(n)})}{f'(x^{(n)})} \end{cases}$$

应用实例 2.16 采用两步迭代法求解方程 $\ln x - \sin x + 1 = 0$ 在区间 $[0.1, 3]$ 上的一个根。

程序 2.16

```
function c16( )
% 两步迭代法求解非线性方程的根
clear all; close all;
eps=10^(-8);
x=twostep(0.1,3,eps)
function root=twostep(a,b,eps)
f1=myfun(a);
f2=myfun(b);
if(f1==0)
root=a;
end
if(f2==0)
root=b;
end
if(f1*f2> 0)
disp('两端点函数值乘积大于 0')
return
else
tol=1;
fa=myfun(a);
fb=myfun(b);
dfa=dfun(a);
dfb=dfun(b);
if(dfa> dfb)
root=a;
else
root=b;
end
while(tol> eps)
r1=root;
fx1=myfun(r1);
```

```
dfx=dfun(r1);
r2=r1-fx1/dfx;
fx2=myfun(r2);
root=r2-fx2/dfx;
tol=abs(root-r1);
end
end
return
function f=myfun(x)
f=log(x)-sin(x)+1;
return
function df=dfun(x)
df=1/x-cos(x);
return
```

在 Matlab 命令窗口输入

```
>> c16
```

回车得到

```
x=
    0.7013
```

2.6.2　重根迭代法

如果方程存在重根，那么前面几节的方法都可能失效，算法不收敛或者收敛速度很慢。因此针对二重根的情况，有以下的重根迭代公式：

$$x^{(n+1)}=x^{(n)}-\frac{f(x^{(n)})f(x^{(n)})}{[f'(x^{(n)})]^2-f(x^{(n)})f''(x^{(n)})}$$

上述公式中，需要用到函数的二阶导数。如果方程比较复杂，则此算法的计算量比较大。

应用实例 2.17　采用重根迭代法求解方程 $x^2(\sin x-x+2)=0$ 在区间$[-2,3]$上的一个根。

程序 2.17

```
function c17( )
% 重根迭代法求解非线性方程的根
clear all; close all;
```

```
eps=10^(-8);
x=multiroot(-2,3,eps)
function root=multiroot(a,b,eps)
f1=myfun(a);
f2=myfun(b);
if(f1==0)
root=a;
end
if(f2==0)
root=b;
end
if(f1*f2>0)
disp('两端点函数值乘积大于0')
return
else
tol=1;
fa=myfun(a);
fb=myfun(b);
dfa=dfun(a);
dfb=dfun(b);
if(dfa>dfb)
root=a;
else
root=b;
end
while(tol>eps)
r1=root;
fx=myfun(r1);
dfx=dfun(r1);
ddfx=ddfun(r1);
root=r1-fx*dfx/(dfx*dfx-fx*ddfx);
tol=abs(root-r1);
end
end
return
```

```
function f=myfun(x)
f=(sin(x)-x+2)*x*x;
return
function df=dfun(x)
df=x^2*(cos(x)-1)+2*x*(sin(x)-x+2);
return
function ddf=ddfun(x)
ddf=2*sin(x)-2*x+4*x*(cos(x)-1)-x^2*sin(x)+4;
return
```

在 Matlab 命令窗口输入

>> c17

回车得到

x=

0

方程 $x^2(\sin x - x + 2) = 0$ 有一个二重根 $x = 0$，由计算结果可知，重根迭代法的结果准确。

本 章 小 结

本章主要介绍了利用 Matlab 内部函数或者编程求解非线性方程在某个点附近或某个区间上根的数值方法。非线性方程形式多样，本章介绍的数值方法不可能囊括所有的数值算法。求解非线性方程时，关键是要认真分析方程的特征，再选择行之有效的算法对其进行求解。

第 3 章　线性方程组的解法

本章主要介绍线性方程组的数值求解方法。采用 Matlab,不仅可以利用其提供的内部函数直接解决一些简单的线性方程组,还可以通过编程解决一些复杂的线性方程组。

求解线性方程组的方法可以分为消去法和迭代法两大类。消去法假设没有舍入误差,能在预定的运算次数内求得精确解。然而,原始数据的误差和运算的舍入误差是不可避免的,因此,实际上获得的解只能是近似解,存在数值计算的稳定性问题。迭代法是构造一定的递推公式,产生逼近精确解的序列。对于高阶方程组,如一些偏微分方程数值求解中出现的方程组,采用消去法计算代价比较高,而迭代法则简单实用。但是,在迭代法中,必须考虑迭代是否收敛以及收敛速度的快慢问题。

线性方程组可以分为欠定方程组、适定方程组与超定方程组。本章主要介绍欠定方程组和适定方程组的数值解法,对于超定方程组,将在第 6 章介绍。

3.1　高斯消去法和高斯选主元消去法

高斯消去法是消去法的一种特殊形式,它包含消元和回代两个过程。下面举例说明高斯消去法求解线性方程组的简要过程。

假设 A 是一个 $n \times n$ 的非奇异矩阵,那么对任一 n 维向量 b,线性方程组 $Ax = b$ 存在唯一解 x,可以通过高斯消元法确定。

应用实例 3.1　下面的 3×3 线性方程组

$$\begin{bmatrix} 1 & 2 & 3 \\ 4 & 5 & 6 \\ 7 & 8 & 0 \end{bmatrix} \begin{bmatrix} x_1 \\ x_2 \\ x_3 \end{bmatrix} = \begin{bmatrix} 1 \\ 0 \\ 2 \end{bmatrix}$$

是方程组

$$\begin{cases} x_1 + 2x_2 + 3x_3 = 1 \\ 4x_1 + 5x_2 + 6x_3 = 0 \\ 7x_1 + 8x_2 \qquad = 2 \end{cases}$$

的矩阵形式。采用高斯消元法求方程组的解。

解　将该方程组写成增广矩阵的形式

$$\begin{bmatrix} 1 & 2 & 3 & \vdots & 1 \\ 4 & 5 & 6 & \vdots & 0 \\ 7 & 8 & 0 & \vdots & 2 \end{bmatrix}$$

通过消元过程将方程组的系数矩阵变成右上三角矩阵,且主对角线上元素为1。具体步骤如下:

将第二个方程减去第一个方程的 4 倍,第三个方程减去第一个方程的 7 倍,得到

$$\begin{bmatrix} 1 & 2 & 3 & \vdots & 1 \\ 0 & -3 & -6 & \vdots & -4 \\ 0 & -6 & -21 & \vdots & -5 \end{bmatrix}$$

将第二个方程中的所有系数以及右端的常数均除以 -3(归一化),得到

$$\begin{bmatrix} 1 & 2 & 3 & \vdots & 1 \\ 0 & 1 & 2 & \vdots & \dfrac{4}{3} \\ 0 & -6 & -21 & \vdots & -5 \end{bmatrix}$$

将第三个方程加上第二个方程的 6 倍,得到

$$\begin{bmatrix} 1 & 2 & 3 & \vdots & 1 \\ 0 & 1 & 2 & \vdots & \dfrac{4}{3} \\ 0 & 0 & -9 & \vdots & 3 \end{bmatrix}$$

将第三个方程中的系数以及右端的常数均除以 -9(归一化),得到

$$\begin{bmatrix} 1 & 2 & 3 & \vdots & 1 \\ 0 & 1 & 2 & \vdots & \dfrac{4}{3} \\ 0 & 0 & 1 & \vdots & -\dfrac{1}{3} \end{bmatrix}$$

此时方程组已经被等价地变为主对角线系数均为 1 的上三角方程组

$$\begin{cases} x_1 + 2x_2 + 3x_3 = 1 \\ \quad\quad x_2 + 2x_3 = \dfrac{4}{3} \\ \quad\quad\quad\quad x_3 = -\dfrac{1}{3} \end{cases}$$

最后从第三个方程解出 $x_3 = -\dfrac{1}{3}$;将 $x_3 = -\dfrac{1}{3}$ 代入第二个方程,解出 $x_2 = 2$;将 $x_3 = -\dfrac{1}{3}$ 与 $x_2 = 2$ 代入第一个方程,解出 $x_1 = -2$。

程序 3.1

```
function c1( )
% 高斯消元法求解线性方程组
clear all;close all;
b=[1;0;2];
A=[1 2 3; 4 5 6; 7 8 0];
format rat   % 以分数形式显示所得结果
x=fgauss(A,b)
function x=fgauss(A,b)
zg=[A b];
n=length(b);
m=zeros(size(A));
ra=rank(A);
rz=rank(zg);
if (ra~ =rz)
disp('无一般意义下的解,系数矩阵与增广矩阵的秩不同')
return
end
if ra==n
for k=1:n-1
for i=k+1:n
m(i,k)=A(i,k)/A(k,k);
for j=k+1:n
A(i,j)=A(i,j)-A(k,j)*m(i,k);
end
b(i)=b(i)-m(i,k)*b(k);
end
for u=n:-1:1
s=0;
for v=(u+1):n
s=s+A(u,v)*x(v);
end
x(u)=(b(u)-s)/A(u,u);
end
```

```
end
else
disp('方程为欠定方程')
end
return
```

在 Matlab 命令窗口输入

```
>> c1
```

回车得到

```
x=
    -2.0000      2.0000       -1/3
```

注:本例中所得结果采用分数形式显示,若不如此,输出的结果为 $x=[-2.0000,2.0000,-0.3333]^{\mathrm{T}}$,这与 $x=[-2.0000,2.0000,-1/3]^{\mathrm{T}}$ 相差甚远。

下面将上述求解过程推广到任意的 $n\times n$ 矩阵 A。一般来说,用高斯消去法解线性方程组分为以下两大步骤:

(1) 将系数矩阵 A 经过一系列的初等行变换变成主对角线元素均为 1 的右上三角矩阵,其常数向量 b 也同时进行相应的变换,变换后的元素仍记为 a_{ij} 和 b_i,即

$$\left[\begin{array}{cccc|c} a_{11} & a_{12} & \cdots & a_{1n} & b_1 \\ a_{21} & a_{22} & \cdots & a_{2n} & b_2 \\ \vdots & \vdots & & \vdots & \vdots \\ a_{n1} & a_{n2} & \cdots & a_{nn} & b_n \end{array}\right] \rightarrow \left[\begin{array}{cccc|c} 1 & a_{12} & \cdots & a_{1n} & b_1 \\ 0 & 1 & \cdots & a_{2n} & b_2 \\ \vdots & \vdots & & \vdots & \vdots \\ 0 & 0 & \cdots & 1 & b_n \end{array}\right]$$

在变换过程中采用"原地"工作方式,即经变换后的元素仍存放在原来的存储单元中。为了实现上述目标,对于 k 从 1 开始直到 $n-1$ 进行以下两个操作(假设对于任意的 k,有 $a_{kk}\neq0$):

① 归一化。

$$\frac{a_{kj}}{a_{kk}} \Rightarrow a_{kj}, \quad j=k+1,k+2,\cdots,n$$

$$\frac{b_k}{a_{kk}} \Rightarrow b_k$$

这一操作的作用是将主对角线上的元素变成 1,为此,第 k 行上的所有元素 a_{kj}($j=k+1,k+2,\cdots,n$)与常数向量中的 b_k 都要除以 a_{kk}。但由于变换后的元素仍存放在原来的存储单元中,因此,为了不影响第 k 行其他元素的变换(都要除以 a_{kk}),一开始并没有真正将 a_{kk} 变成 1,因为 a_{kk} 是否真正变成 1 已经无关紧要了,只要在以后的变换中将所有主对角线上的元素默认为 1 就行了。

② 消元。

$$a_{ij} - a_{ik}a_{kj} \Rightarrow a_{ij}, \quad i = k+1, k+2, \cdots, n, \quad j = k+1, k+2, \cdots, n$$

$$b_i - a_{ik}b_k \Rightarrow b_i, \quad i = k+1, k+2, \cdots, n$$

这一操作的作用是将第 k 列中主对角线以下的元素消成 0，为此，第 i ($i = k+1, k+2, \cdots, n$) 行的其他元素 a_{ij} ($j = k+1, k+2, \cdots, n$) 与常数向量中的 b_i 都要减去第 k 行对应元素与 a_{ik} 的乘积。同样，由于变换后的元素仍存放在原来的存储单元中，因此，为了不影响第 i 行上其他元素的变换，一开始并没有真正将 a_{ik} 变成 0，并且最后也没有真正将 a_{ik} 变成 0，因为 a_{ik} 是否真正变成 0 已经无关紧要了，以后的变换中用不着这个元素了。

通过以上操作将系数矩阵变成主对角线上元素均为 1 的右上三角矩阵。

(2) 进行回代，依次解出 $x_n, x_{n-1}, \cdots, x_1$ 即可。

由于对所有方程均进行了归一化，因此从最后一个方程解出 x_n，即

$$x_n = b_n$$

然后从后向前依次回代，逐个解出 $x_{n-1}, x_{n-2}, \cdots, x_1$，即

$$x_k = b_k - \sum_{j=k+1}^{n} a_{kj}x_j, \quad k = n-1, n-2, \cdots, 1$$

在高斯消元过程中，矩阵的对角线元素称为主元。在消去过程中的第 k 步，第 k 个方程中第 k 个变量的系数称为整个消去过程的第 k 个主元。无论是计算乘子还是回代过程中，都需要除以主元，因此，只要有一个主元为 0，运算就会中断（因为出现分母为 0 的情况）。或者，如果有某个主元接近 0，那么整个计算精度也可能不太好，一方面会损失精度，另一方面还可能导致商太大而使计算溢出。总之，用高斯消去法进行数值计算是不稳定的。因此，当变换到第 k 步时，从第 k 列的 a_{kk} 以下（包括 a_{kk}）的各元素中选出绝对值最大者，然后通过行变换将它交换到主元 a_{kk} 的位置上。在求解线性方程组的高斯消去法中，交换系数矩阵中的两行（包括常数向量中的两个对应元素），只相当于交换了两个方程的位置，如此就得到了高斯列选主元消去法。因此，高斯列选主元消去法是不影响求解结果的。

列选主元保证了当前的主对角线元素 a_{kk} 是第 k 列中 a_{kk} 以下元素中的绝对值最大值，但还不能保证它是同一行（即第 k 行）中的绝对值最大值。因此，经过列选主元后，虽然可避免发生 $a_{kk} = 0$ 的情况（如果 $a_{kk} = 0$，说明系数行列式等于 0，该方程组本身无解），但其计算过程还是不稳定的，不适合求解大规模的线性方程组，在此基础上，发展出高斯全选主元消去法，读者可参阅相应的文献。

应用实例 3.2　用高斯列选主元消去法求解线性方程组

$$\begin{cases} 4x_1 + 5x_2 + 6x_3 + 2x_4 = 4 \\ \phantom{4x_1 + {}} 4x_2 + 7x_3 + 3x_4 = 8 \\ 6x_1 + 8x_2 + x_3 + x_4 = 6 \\ 3x_1 + 2x_2 + 5x_3 + x_4 = 1 \end{cases}$$

程序 3.2

```matlab
function c2( )
% 高斯列选主元消去法求解线性方程组
clear all; close all;
A=[4 5 6 2;0 4 7 3; 6 8 1 1; 3 2 5 1];
b=[4;8;6;1];
[x,U]=colgausselim(A,b)
function [X,U]=colgausselim(A,b)
% 输入:A 为系数矩阵,b 为右端项向量
% 输出:X 为求得的解
% U 为消元后的系数矩阵
M=[A b]; % 增广矩阵
[n, ~]=size(A);
X=zeros(n,1);
ra=rank(A);
rz=rank(M);
if (ra~ =rz)
disp('无一般意义下的解,系数矩阵与增广矩阵的秩不同')
return
end
if ra==n
for j=1:n-1 % 换主元
[pivot,k]=max(abs(A(j:n,j)));   % 找出该列中主元绝对值最大的元素所在行
if pivot==0
disp('奇异阵');
break;
end
temp=A(j,:);
A(j,:)=A(k+j-1,:);
A(k+j-1,:)=temp;
tempb=b(j);
b(j)=b(k+j-1);
b(k+j-1)=tempb;
for i=j+1:n
```

```
mult=A(i,j)/A(j,j);
A(i,j:n)=A(i,j:n)-mult*A(j,j:n);
b(i)=b(i)-mult*b(j);
end
end
else
disp('方程为欠定方程')
end
U=A; % 回代过程
X(n)=b(n)/A(n,n);
for k=1:n-1
X(n-k)=(b(n-k)-A(n-k,n-k+1:n)*X(n-k+1:n))/A(n-k,n-k);
end
return
```

在 Matlab 命令窗口输入

```
>> c2
```

回车得到

```
x=
   -17/5
    4
   11/5
   -39/5
U=
   6   8   1   1
   0   4   7   3
   0   0   8   2
   0   0   0   5/48
```

3.2　矩阵分解法求解线性方程组

使用高斯消元法的另一种方式是把矩阵 A 分解成一个下三角矩阵 L 和一个上三角矩阵 U 的乘积，这样的分解称为三角分解或者 LU 分解。

如果矩阵 A 的顺序主子式都不为 0，则 A 可以唯一分解为 $A=LU$，其中 L 为

下三角矩阵,U 为上三角矩阵。这时方程 $Ax=b$ 转换为

$$LUx=b$$

令 $Ux=y$,则有 $Ly=b$。此时,线性方程组 $Ax=b$ 转换为两个系数为上(下)三角矩阵的方程组,容易得到其解。比如应用实例 3.1,用 -4 乘以第一行加到第二行,-7 乘以第一行加到第三行,此时进行的变换实际上是原矩阵左乘某个下三角矩阵 L,即

$$L_1A=\begin{bmatrix}1&0&0\\-4&1&0\\-7&0&1\end{bmatrix}\begin{bmatrix}1&2&3\\4&5&6\\7&8&0\end{bmatrix}=\begin{bmatrix}1&2&3\\0&-3&-6\\0&-6&-21\end{bmatrix}$$

矩阵 L_1 的逆很好求,只需要非对角线元素取相反数,其余不变即可,得到

$$L_1^{-1}=\begin{bmatrix}1&0&0\\4&1&0\\7&0&1\end{bmatrix}$$

同样,-2 乘以第二行加到第三行等价于左乘另一个下三角矩阵 L_2,即

$$L_2L_1A=\begin{bmatrix}1&0&0\\0&1&0\\0&-2&1\end{bmatrix}\begin{bmatrix}1&2&3\\0&-3&-6\\0&-6&-21\end{bmatrix}=\begin{bmatrix}1&2&3\\0&-3&-6\\0&0&-9\end{bmatrix}$$

L_2 的逆也可通过取非对角线元素的相反数得到,而且有

$$(L_2L_1)^{-1}=L_1^{-1}L_2^{-1}=\begin{bmatrix}1&0&0\\4&1&0\\7&2&1\end{bmatrix}$$

令 U 表示从 A 得到的上三角矩阵,则 $L_2L_1A=U$,所以 $A=LU$,这里 $L=(L_2L_1)^{-1}$ 是下三角矩阵。

如果希望求解系数矩阵相同但右端向量不同的几个线性方程组,则只需存储下三角矩阵 L 和上三角矩阵 U。于是要解 $Ax=LUx=b$,首先求解下三角方程组 $Ly=b$(得到 $y=Ux$),然后再求解上三角方程组 $Ux=y$。

注:Matlab 中的内部函数 lu(A)可对矩阵 A 进行 LU 分解。

应用实例 3.3　用 LU 分解法求解应用实例 3.1。

程序 3.3

```
function c3( )
clear all; close all;
% LU 分解法求解线性方程组
b=[1;0;2];
A=[1 2 3; 4 5 6; 7 8 0];
```

```
[l,u]=lu(A);
x=u\ (l\ b)
```

在 Matlab 命令窗口输入

```
>> c3
```

回车得到

```
x=
  -2
  2
 -1/3
```

　　用 LU 分解法计算线性方程组还是很方便的,其实现的前提是系数矩阵的各阶顺序主子式都不为 0,因此这一方法不总是有效的。在许多工程实践中,方程组的系数矩阵是实对称矩阵,因此,直接三角分解法还可以进行一些改进。

　　如果 $A=(a_{ij})\in \mathbf{R}^{n\times n}$ 是对称正定矩阵,则必存在一个非奇异下三角矩阵 $G\in \mathbf{R}^{n\times n}$,使得 $A=GG^{\mathrm{T}}$,此分解称为矩阵 A 的楚列斯基分解,而且当矩阵 G 的主对角元素均为正数时,这种分解还是唯一的。于是方程组 $Ax=b$ 可以写成 $GG^{\mathrm{T}}x=b$,在方程两边进行矩阵变换,可以得到方程组的解。

　　注:Matlab 中的内部函数 chol(A) 可对矩阵 A 进行楚列斯基分解。

　　应用实例 3.4　　用楚列斯基分解方法求解线性方程组

$$\begin{cases} 9x_1 - 36x_2 + 30x_3 = 1 \\ -36x_1 + 192x_2 - 180x_3 = 1 \\ 30x_1 - 180x_2 + 180x_3 = 1 \end{cases}$$

程序 3.4

```
function c4( )
clear all; close all;
% 楚列斯基分解法求解线性方程组
b=[1;1;1];
A=[9 -36 30; -36 192 -180; 30 -180 180];
ch=chol(A);
x=ch\ (ch'\ b)
```

在 Matlab 命令窗口输入

```
>> c4
```

回车得到

x=

 11/6

 13/12

 47/60

矩阵的 QR 分解就是把矩阵分解成一个正交矩阵 Q 和一个上三角矩阵 R 的乘积。于是方程组 $Ax=b$ 可以写成 $QRx=b$，在方程两边进行矩阵变换，可以得到方程组的解。

注：Matlab 中的内部函数 qr(A) 可对矩阵 A 进行 QR 分解。

应用实例 3.5　用 QR 分解法求解线性方程组

$$\begin{cases} x_1 + \dfrac{1}{2}x_2 + \dfrac{1}{3}x_3 + \dfrac{1}{4}x_4 = 1 \\[2mm] \dfrac{1}{2}x_1 + \dfrac{1}{3}x_2 + \dfrac{1}{4}x_3 + \dfrac{1}{5}x_4 = 2 \\[2mm] \dfrac{1}{3}x_1 + \dfrac{1}{4}x_2 + \dfrac{1}{5}x_3 + \dfrac{1}{6}x_4 = 2 \\[2mm] \dfrac{1}{4}x_1 + \dfrac{1}{5}x_2 + \dfrac{1}{6}x_3 + \dfrac{1}{7}x_4 = 1 \end{cases}$$

程序 3.5

```
function c5( )
clear all; close all;
% QR 分解法求解线性方程组
b=[1;2;2;1];
A=[1 1/2 1/3 1/4; 1/2 1/3 1/4 1/5; ...
    1/3 1/4 1/5 1/6; 1/4 1/5 1/6 1/7];
[Q,R]=qr(A);
x=R\(Q\b)
```

在 Matlab 命令窗口输入

>> c5

回车得到

x=

 116

 -1440

3600

-2380

　　显然,此方程组的系数矩阵是一个 4 阶的希尔伯特矩阵。希尔伯特矩阵是著名的"坏"矩阵,其条件数随着阶数的增加迅速变大。例如,3 阶的希尔伯特矩阵的条件数为 524,而 4 阶的希尔伯特矩阵的条件数则达到 15513。

　　Matlab 中还提供了矩阵的其他分解方法,比如,奇异值分解、海森伯格分解和舒尔分解等函数都可用来求解线性方程组。

　　注:Matlab 中的内部函数 svd(A)可对矩阵 A 进行奇异值分解,hess(A)可对矩阵 A 进行海森伯格分解,schur(A)可对矩阵 A 进行舒尔分解。

　　应用实例 3.6　　用奇异值分解法求解线性方程组

$$\begin{cases} x_1+\dfrac{1}{2}x_2+\dfrac{1}{3}x_3+\dfrac{1}{4}x_4+\dfrac{1}{5}x_5=1 \\[2mm] \dfrac{1}{2}x_1+\dfrac{1}{3}x_2+\dfrac{1}{4}x_3+\dfrac{1}{5}x_4+\dfrac{1}{6}x_5=0 \\[2mm] \dfrac{1}{3}x_1+\dfrac{1}{4}x_2+\dfrac{1}{5}x_3+\dfrac{1}{6}x_4+\dfrac{1}{7}x_5=1 \\[2mm] \dfrac{1}{4}x_1+\dfrac{1}{5}x_2+\dfrac{1}{6}x_3+\dfrac{1}{7}x_4+\dfrac{1}{8}x_5=0 \\[2mm] \dfrac{1}{5}x_1+\dfrac{1}{6}x_2+\dfrac{1}{7}x_3+\dfrac{1}{8}x_4+\dfrac{1}{9}x_5=1 \end{cases}$$

程序 3.6

```
function c6( )
clear all; close all;
% 奇异值分解法求解线性方程组
b=[1;0;1;0;1];
A=[1 1/2 1/3 1/4 1/5; 1/2 1/3 1/4 1/5 1/6; ...
    1/3 1/4 1/5 1/6 1/7; 1/4 1/5 1/6 1/7 1/8; ...
    1/5 1/6 1/7 1/8 1/9];
[U,S,V]=svd(A);
x=V*inv(S)*U'*b
```

在 Matlab 命令窗口输入

```
>> c6
```

回车得到

x=

　　1705

　　-31800

　　137130

　　-207200

　　101430

应用实例 3.7　用海森伯格分解法求解线性方程组

$$\begin{cases} x_1+\ x_2+\ \ x_3+\ \ x_4=1 \\ x_1+2x_2+\ 3x_3+\ 4x_4=4 \\ x_1+3x_2+\ 6x_3+10x_4=7 \\ x_1+4x_2+10x_3+20x_4=-2 \end{cases}$$

程序 3.7

```
function c7( )
clear all; close all;
% 海森伯格分解法求解线性方程组
b=[1;4;7;-2];
A=[1 1 1 1; 1 2 3 4; 1 3 6 10; 1 4 10 20];
[P,H]=hess(A);
x=P*inv(H)*P'*b
```

在 Matlab 命令窗口输入

>> c7

回车得到

x=

　　10.0000

　　-33.0000

　　36.0000

　　-12.0000

应用实例 3.8　用舒尔分解法求解线性方程组

$$\begin{cases} x_1+2x_2+3x_3=14 \\ 2x_1+5x_2+2x_3=18 \\ 3x_1+\ x_2+5x_3=20 \end{cases}$$

程序 3.8

```
function c8( )
clear all; close all;
% 舒尔分解法求解线性方程组
b=[14;18;20];
A=[1 2 3; 2 5 2; 3 1 5];
[U,T]=schur(A);
x=U*inv(T)*U'*b
```

在 Matlab 命令窗口输入

```
>> c8
```

回车得到

```
x=
    1
    2
    3
```

3.3　迭代法求解线性方程组

在实际应用中(例如在运筹学、图论等领域),往往会出现系数矩阵的阶数很高,但矩阵中零元素很多的情况,如果使用前面介绍的几种分解方法,反而使矩阵中的非零元素增多了。因此,本节介绍另一类常用的线性方程组的求解方法,即迭代法。

迭代法的关键是寻找一种与原方程组同解的并且收敛的迭代格式。实际上,对于同一个方程组,采用不同的迭代格式时其收敛性也是大不一样的。即使迭代格式收敛,不同的迭代格式收敛的速度也是大不一样的。因此,使用迭代法时,需要考虑迭代的初始值、迭代算法的格式以及迭代格式的收敛性这三个重要的问题。

下面介绍几种常见的迭代方法。

3.3.1　逐次逼近法

对于 n 阶线性方程组 $Ax=b$ 的系数矩阵 A(假设 A 为非奇异矩阵),进行如下分解:

$$A=Q-C$$

其中 Q 为非奇异的矩阵,则原方程组变为

$$x = Bx + r$$

其中,$B = Q^{-1}C, r = Q^{-1}b$,那么迭代过程可以写成

$$x^{(k+1)} = Bx^{(k)} + r$$

这种迭代方法称为逐次逼近法。取不同的矩阵 Q 和 C 时,就得到不同的迭代算法。通常情况下,逐次逼近法收敛的充分条件是迭代矩阵 B 的谱半径小于 1。

应用实例 3.9 用逐次逼近法求解下列线性方程组

$$\begin{cases} 8x_1 - 3x_2 + 2x_3 = 20 \\ 4x_1 + 11x_2 - x_3 = 33 \\ 6x_1 + 3x_2 + 12x_3 = 36 \end{cases}$$

将上述方程组写成 $x = Bx + r$ 的形式,其中

$$\begin{cases} x_1 = \frac{1}{8}(3x_2 - 2x_3 + 20) \\ x_2 = \frac{1}{11}(-4x_1 + x_3 + 33) \\ x_3 = \frac{1}{12}(-6x_1 - 3x_2 + 36) \end{cases}$$

$$B = \begin{bmatrix} 0 & \frac{3}{8} & -\frac{1}{4} \\ -\frac{4}{11} & 0 & \frac{1}{11} \\ -\frac{1}{2} & -\frac{1}{4} & 0 \end{bmatrix}, \quad r = \begin{bmatrix} \frac{5}{2} \\ 3 \\ 3 \end{bmatrix}$$

经计算,矩阵 B 的谱半径为 0.3592,满足迭代收敛的条件。任取初始值,例如取 $x^{(0)} = [0,0,0]^T$。将 $x^{(0)}$ 代入 $x^{(k+1)} = Bx^{(k)} + r$ 中,可求得方程组的第一次迭代方程组的解,$x^{(1)} = \left[\frac{5}{2}, 3, 3\right]^T$。再将 $x^{(1)}$ 代入 $x^{(k+1)} = Bx^{(k)} + r$,得到 $x^{(2)}$。反复利用这个计算程序,可以得到一系列迭代解 $x^{(0)}, x^{(1)}, \cdots, x^{(k)}, \cdots$,迭代 10 次以后得到的解为

$$x^{(10)} = [3.000032, 1.999874, 0.9998813]^T$$

与真解 $x = [3,2,1]^T$ 之间的最大值误差 $\|\varepsilon^{(10)}\|_\infty = 0.000012598$,可以看出此解是收敛的。

程序 3.9

```
function c9( )
% 逐次逼近法求解线性方程组
clear all; close all;
r=[5/2;3;3];
```

```
B=[0 3/8 -1/4; -4/11 0 1/11; -1/2 -1/4 0];
x0=[0;0;0];
x=[3;2;1];
for k=1:10
x1=B*x0+r;
x0=x1;
end
vpa(x1,7)
disp('迭代 10 次以后的最大值误差为:')
norm(x1-x,inf)
```

在 Matlab 命令窗口输入

>> c9

回车得到

```
ans=
    3.000032
    1.999874
    0.9998813
迭代 10 次以后的最大值误差为:
ans=
    1.2598e-04
```

3.3.2　理查森迭代法

理查森迭代法是最简单的迭代法,其迭代公式为
$$x^{(k+1)} = (I-A)x^{(k)} + b$$

应用实例 3.10　用理查森迭代法求解线性方程组
$$\begin{cases} 1.0170x_1 - 0.0092x_2 - 0.0095x_3 = 1.0075 \\ -0.0092x_1 + 0.9903x_2 + 0.0136x_3 = 0.0044 \\ -0.0095x_1 + 0.0136x_2 + 0.9898x_3 = 0.9803 \end{cases}$$

将上述方程组写成下列形式:
$$\begin{cases} x_1 = -0.0170x_1 + 0.0092x_2 + 0.0095x_3 + 1.0075 \\ x_2 = 0.0092x_1 + 0.0097x_2 - 0.0136x_3 + 0.0044 \\ x_3 = 0.0095x_1 - 0.0136x_2 + 0.0102x_3 + 0.9803 \end{cases}$$

即

$$B = \begin{bmatrix} -0.0170 & 0.0092 & 0.0095 \\ 0.0092 & 0.0097 & -0.0136 \\ 0.0095 & -0.0136 & 0.0102 \end{bmatrix}, \quad r = \begin{bmatrix} 1.0075 \\ 0.0044 \\ 0.9803 \end{bmatrix}$$

经计算,矩阵 B 的谱半径为 0.0251,满足迭代收敛的条件。初始值取 $x^{(0)} = [0, 0, 0]^T$。迭代 6 次以后,迭代解与真解 $x = [1, 0, 1]^T$ 之间的平方根误差为 $\| \varepsilon^{(6)} \|_2 = 1.7348 \times 10^{-10}$。

程序 3.10

```
function c10( )
% 理查森迭代法求解线性方程组
clear all; close all;
eps=1.0e-8;
M=200;
A=[1.0170 -0.0092 -0.0095; -0.0092 0.9903 0.0136; 0.0095 0.0136 0.9898];
b=[1;0;1];
x0=[0;0;0];
[x1,n]=richason(A,b,x0,eps,M)
x=[1;0;1];
norm(x-x1)
function [x,n]=richason(A,b,x0,eps,M)
I=eye(size(A));
x1=x0;
x=(I-A)*x0+b;
n=1;
while(norm(x-x1)> eps)
x1=x;
x=(I-A)*x1+b;
n=n+1;
if(n> =M)
disp('迭代次数太多,可能不收敛')
return
end
end
return
```

在 Matlab 命令窗口输入

```
>> c10
```

回车得到

```
x1=
    1.0000
    0.0000
    1.0000
n=
    6
ans=
    1.7348e-10
```

一般情况下,理查森迭代法难以保证算法的收敛性,因为要使迭代矩阵 $I-A$ 的谱半径小于 1,通常要求系数矩阵 A 是严格对角占优的矩阵。

3.3.3　雅可比迭代法

如果系数矩阵 A 的主对角元素全不为 0,在逐次逼近解法中取矩阵 A 的分解为

$$Q=D$$
$$C=D-A$$

其中矩阵 D 是由矩阵 A 的主对角线元素组成的对角矩阵,则矩阵 $B=I-D^{-1}A$, $r=D^{-1}b$,迭代公式为

$$x^{(k+1)}=(I-D^{-1}A)x^{(k)}+D^{-1}b$$

这种迭代方法称为雅可比迭代法。

应用实例 3.11　用雅可比迭代法求解下列线性方程组

$$\begin{cases} 0.9889x_1-0.0005x_2-0.0002x_3=1 \\ -0.0046x_1+0.9946x_2+0.0077x_3=0 \\ -0.0002x_1+0.0092x_2+0.9941x_3=1 \end{cases}$$

初始值取 $x^{(0)}=[1,1,1]^{\mathrm{T}}$ 。迭代 5 次以后,得到的迭代解 $x^{(5)}=[1.0114, -0.0031,1.0062]^{\mathrm{T}}$ 。

程序 3.11

```
function c11( )
% 雅可比迭代法求解线性方程组
clear all; close all;
eps=1.0e-8;
```

```
M=200;
A=[0.9889 -0.0005 -0.0002; -0.0046 0.9946 0.0077; -0.0002 0.0092 0.9941];
b=[1;0;1];
x0=[1;1;1];
[x1,n]=jacbi(A,b,x0,eps,M)
function [x,n]=jacbi(A,b,x0,eps,M)
D=diag(diag(A));
L=-tril(A,-1);
U=-triu(A,1);
B=D\(L+U);
f=D\b;
x=B*x0+f;
n=1;
while(norm(x-x0)> eps)
x0=x;
x=B*x0+f;
n=n+1;
if(n> =M)
disp('迭代次数太多,可能不收敛')
return
end
end
return
```

在 Matlab 命令窗口输入

```
>> c11
```

回车得到

```
x1=
    1.0114
   -0.0031
    1.0062
n=
    5
```

雅可比迭代法对于任意的初始值 $x^{(0)}$ 都收敛的充要条件是矩阵 B 的谱半径小

于 1,即 $\boldsymbol{B}$ 的所有特征值的绝对值都小于 1,本例中矩阵 $\boldsymbol{B}$ 的谱半径为 0.0087。

3.3.4　高斯-赛德尔迭代法

设系数矩阵 $\boldsymbol{A}$ 的主对角元素全不为 0,如果对矩阵 $\boldsymbol{A}$ 作以下分解:

$$\boldsymbol{A}=(\boldsymbol{D}-\boldsymbol{L})-\boldsymbol{U}$$

其中矩阵 $\boldsymbol{D}$ 是由矩阵 $\boldsymbol{A}$ 的主对角线元素组成的对角矩阵,矩阵 $\boldsymbol{L}$ 为下三角矩阵,矩阵 $\boldsymbol{U}$ 为上三角矩阵,则迭代公式为

$$\boldsymbol{x}^{(k+1)}=(\boldsymbol{D}-\boldsymbol{L})^{-1}\boldsymbol{U}\boldsymbol{x}^{(k)}+(\boldsymbol{D}-\boldsymbol{L})^{-1}\boldsymbol{b}$$

这种迭代方法称为高斯-赛德尔(又译塞德尔)迭代法。

应用实例 3.12　用高斯-赛德尔迭代法求解线性方程组

$$\begin{cases} 1.4449x_1+0.7948x_2+0.8801x_3=1 \\ 0.6946x_1+1.9568x_2+0.1730x_3=0 \\ 0.6213x_1+0.5226x_2+1.9797x_3=1 \end{cases}$$

初始值取 $\boldsymbol{x}^{(0)}=[0,0,0]^{\mathrm{T}}$。迭代 15 次以后,得到的迭代解 $\boldsymbol{x}^{(15)}=[0.5929,$ $-0.2444,0.3836]^{\mathrm{T}}$,本例中矩阵 $\boldsymbol{B}$ 的谱半径为 0.3022。

程序 3.12

```
function c12( )
% 高斯-赛德尔迭代法求解线性方程组
clear all; close all;
eps=1.0e-8;
M=200;
A=[1.4449 0.7948 0.8801; 0.6946 1.9568 0.1730; 0.6213 0.5226 1.9797];
b=[1;0;1];
x0=[0;0;0];
[x1,n]=gauseidel(A,b,x0,eps,M)
function [x,n]=gauseidel(A,b,x0,eps,M)
D=diag(diag(A));
L=-tril(A,-1);
U=-triu(A,1);
G=(D-L)\U;
f=(D-L)\b;
x=G*x0+f;
n=1;
while(norm(x-x0)> eps)
```

```
x0=x;
x=G*x0+f;
n=n+1;
if(n> =M)
disp('迭代次数太多,可能不收敛')
return
end
end
return
```

在 Matlab 命令窗口输入

```
>> c12
```

回车得到

```
x1=
    0.5929
   -0.2444
    0.3836
n=
   15
```

3.3.5　超松弛迭代法

如果对系数矩阵 A 作以下分解:

$$A=(D-\omega L)-[(1-\omega)D+\omega U]$$

其中矩阵 D 是由矩阵 A 的主对角线元素组成的对角矩阵,矩阵 L 为下三角矩阵,矩阵 U 为上三角矩阵,ω 为一个事先选好的常数,称为松弛因子。当 $\omega>1$ 时称为超松弛法,当 $\omega<1$ 时称为低松弛法。其迭代公式为

$$x^{(k+1)}=(D-\omega L)^{-1}[(1-\omega)D+\omega U]x^{(k)}+\omega(D-\omega L)^{-1}b$$

这种迭代方法称为超松弛迭代法。若系数矩阵 A 为对称正定矩阵,则当 $0<\omega<2$ 时迭代法收敛。

应用实例 3.13　用超松弛迭代法求解线性方程组

$$\begin{cases} 4x_1+3x_2\qquad\quad=24 \\ 3x_1+4x_2-\ x_3=30 \\ \qquad\quad -x_2+4x_3=-24 \end{cases}$$

初始值取 $x^{(0)}=[0,0,0]^T$。迭代 17 次以后,得到的迭代解 $x^{(17)}=[3,4,-5]^T$,本

例中矩阵 **B** 的谱半径为 0.25。

程序 3.13

```
function c13( )
% 超松弛迭代法求解线性方程组
clear all; close all;
w=1.25;
eps=1.0e-8;
M=200;
A=[4 3 0; 3 4 -1; 0 -1 4];
b=[24;30;-24];
x0=[0;0;0];
[x1,n]=sor(A,b,x0,1.25,eps,M)
function [x,n]=sor(A,b,x0,w,eps,M)
if(w< =0 || w> =2)
error;
return;
end
D=diag(diag(A));
L=-tril(A,-1);
U=-triu(A,1);
B=inv(D-L*w)*((1-w)*D+w*U);
f=w*inv((D-L*w))*b;
x=B*x0+f;
n=1;
while(norm(x-x0)> eps)
x0=x;
x=B*x0+f;
n=n+1;
if(n> =M)
disp('迭代次数太多,可能不收敛')
return
end
end
return
```

在 Matlab 命令窗口输入

```
>> c13
```

回车得到

```
x1=
    3.0000
    4.0000
   -5.0000
n=
   17
```

超松弛迭代法还有一种改进形式,称为对称逐次超松弛迭代法,它采取的是两步迭代公式

$$(D-\omega L)x^{(k+\frac{1}{2})}=\omega(Ux^{(k)}+b)+(1-\omega)Dx^{(k)}$$

$$(D-\omega U)x^{(k+1)}=\omega(Lx^{(k)}+b)+(1-\omega)Dx^{(k+\frac{1}{2})}$$

应用实例 3.14　采用对称逐次超松弛迭代法求解应用实例 3.13。初始值取 $x^{(0)}=[0,0,0]^{T}$。迭代 45 次以后,得到的迭代解 $x^{(45)}=[3,4,-5]^{T}$,本例中矩阵 B 的谱半径仍为 0.25。

程序 3.14

```
function c14( )
% 对称逐次超松弛迭代法求解线性方程组
clear all; close all;
w=1.25;
eps=1.0e-8;
M=200;
A=[4 3 0; 3 4 -1; 0 -1 4];
b=[24;30;-24];
x0=[0;0;0];
[x1,n]=sor(A,b,x0,1.25,eps,M)
function [x,n]=sor(A,b,x0,w,eps,M)
if(w<=0 || w>=2)
error;
return;
end
```

```
D=diag(diag(A));
L=-tril(A,-1);
U=-triu(A,1);
B1=inv(D-L*w)*((1-w)*D+w*U);
B2=inv(D-U*w)*((1-w)*D+w*L);
f1=w*inv((D-L*w))*b;
f2=w*inv((D-U*w))*b;
x12=B1*x0+f1;
x=B2*x12+f2;
n=1;
while(norm(x-x0)> eps)
x0=x;
x12=B1*x0+f1;
x=B2*x12+f2;
n=n+1;
if(n> =M)
disp('迭代次数太多,可能不收敛')
return
end
end
return
```

在 Matlab 命令窗口输入

```
>> c14
```

回车得到

```
x1=
    3.0000
    4.0000
   -5.0000
n=
   45
```

应用实例 3.13 和应用实例 3.14 采取的松弛系数都是 1.25,超松弛迭代法需要 14 次迭代,对称逐次超松弛迭代法需要 45 次迭代,因此超松弛迭代法的速度要比对称逐次超松弛迭代法快一些。

3.3.6　两步迭代法

两步迭代法的公式为

$$(D-L)x^{(k+\frac{1}{2})}=Ux^{(k)}+b$$

$$(D-U)x^{(k+1)}=Lx^{(k+\frac{1}{2})}+b$$

其中,矩阵 D、L、U 如前所述。这种迭代方法称为两步迭代法。

应用实例 3.15　用两步迭代法求解应用实例 3.13。初始值取 $x^{(0)}=[0,0,0]^{\mathrm{T}}$。迭代 39 次以后,得到的迭代解 $x^{(39)}=[3,4,-5]^{\mathrm{T}}$,本例中矩阵 B 的谱半径为 0.625。

程序 3.15

```
function c15( )
% 两步迭代法求解线性方程组
clear all; close all;
eps=1.0e-8;
M=200;
A=[4 3 0; 3 4 -1; 0 -1 4];
b=[24;30;-24];
x0=[0;0;0];
[x1,n]=sor(A,b,x0,eps,M)
function [x,n]=sor(A,b,x0,eps,M)
D=diag(diag(A));
L=-tril(A,-1);
U=-triu(A,1);
B1=(D-L)\ U;
B2=(D-U)\ L;
f1=(D-L)\ b;
f2=(D-U)\ b;
x12=B1*x0+f1;
x=B2*x12+f2;
n=1;
while(norm(x-x0)> eps)
x0=x;
x12=B1*x0+f1;
x=B2*x12+f2;
```

```
n=n+1;
if(n> =M)
disp('迭代次数太多,可能不收敛')
return
end
end
return
```

在 Matlab 命令窗口输入

```
>> c15
```

回车得到

```
x1=
    3.0000
    4.0000
    -5.0000
n=
    39
```

3.4　梯　度　法

相比于前面几种对系数矩阵进行简单分解而构造的迭代法而言,梯度法不需要考虑算法的收敛性问题。对于系数矩阵为对称正定矩阵的线性方程组,梯度法包括最速下降法、共轭梯度法和预处理的共轭梯度法这三种常用算法。

3.4.1　最速下降法

最速下降法的基本思想是将求解线性方程组

$$A x = b$$

转化为求二次泛函的极小值问题

$$\varphi(x) = x A^{\mathrm{T}} x - 2 b^{\mathrm{T}} x$$

最速下降法的做法如下:先任意给定一个初始向量,然后确定一个搜索方向和搜索步长,如此循环,直到找到极小值。最速下降法采取的搜索方向是当前点的负梯度方向,每次的搜索步长都使得泛函取极小值。

应用实例 3.16　用最速下降法求解线性方程组

$$\begin{cases} x_1 + \dfrac{1}{2}x_2 + \dfrac{1}{3}x_3 + \dfrac{1}{4}x_4 = 1 \\[2mm] \dfrac{1}{2}x_1 + \dfrac{1}{3}x_2 + \dfrac{1}{4}x_3 + \dfrac{1}{5}x_4 = 0 \\[2mm] \dfrac{1}{3}x_1 + \dfrac{1}{4}x_2 + \dfrac{1}{5}x_3 + \dfrac{1}{6}x_4 = 1 \\[2mm] \dfrac{1}{4}x_1 + \dfrac{1}{5}x_2 + \dfrac{1}{6}x_3 + \dfrac{1}{7}x_4 = 0 \end{cases}$$

初始值取 $x^{(0)} = [1,1,1,1]^{\mathrm{T}}$。迭代 105143 次以后，得到的迭代解 $x^{(105143)}$ $= [256, -2820, 6720, -4340]^{\mathrm{T}}$。

程序 3.16

```
function c16( )
% 最速下降法求解线性方程组
clear all; close all;
eps=1.0e-8;
A=[1 1/2 1/3 1/4; 1/2 1/3 1/4 1/5; ...
    1/3 1/4 1/5 1/6; 1/4 1/5 1/6 1/7];
b=[1;0;1;0];
x0=[1;1;1;1];
[x1,n]=fastdown(A,b,x0,eps);
x1=vpa(x1,7)
n
function [x,n]=fastdown(A,b,x0,eps)
r=b-A*x0;
d=dot(r,r)/dot(A*r,r);
x=x0+d*r;
n=1;
while(norm(x-x0)> eps)
x0=x;
r=b-A*x0;
d=dot(r,r)/dot(A*r,r);
x=x0+d*r;
n=n+1;
end
return
```

在 Matlab 命令窗口输入

>> c16

回车得到

x1=

　　256.0

　　-2820.0

　　6720.0

　　-4340.0

n=

　　105143

3.4.2　共轭梯度法

共轭梯度法是从整体来寻找最佳的搜索方向。第一步取负梯度方向作为搜索方向，接下来的各步，在过当前点由负梯度方向向量和上一步的搜索向量组成的平面内寻找最佳的搜索方向，因此它比最速下降法快。

应用实例 3.17　用共轭梯度法求解线性方程组

$$
\begin{cases}
25x_1 & -300x_2 & +1050x_3 & -1400x_4 & +630x_5 = 5 \\
-300x_1 & +4800x_2 & -18900x_3 & +26880x_4 & -12600x_5 = 3 \\
1050x_1 & -18900x_2 & +79380x_3 & -117600x_4 & +56700x_5 = -1 \\
-1400x_1 & +26880x_2 & -117600x_3 & +179200x_4 & -88200x_5 = 0 \\
630x_1 & -12600x_2 & +56700x_3 & -88200x_4 & +44100x_5 = -2
\end{cases}
$$

初始值取 $x^{(0)} = [0,0,0,0,0]^{\mathrm{T}}$。迭代 6 次以后即可得到精确解。

程序 3.17

```
function c17( )
% 共轭梯度法求解线性方程组
clear all; close all;
A=[25 -300 1050 -1400 630;-300 4800 -18900 26880 -12600;...
   1050 -18900 79380 -117600 56700;-1400 26880 -117600 179200 -88200;...
   630 -12600 56700 -88200 44100];
b=[5;3;-1;0;-2];
x0=[0;0;0;0;0];
[x1,n]=conjgrad(A,b,x0)
function[x,n]=conjgrad(A,b,x0)
```

```
r1=b-A*x0;
p1=r1;
d=dot(r1,r1)/dot(p1,A*p1);
x=x0+d*p1;
r2=r1-d*A*p1;
f=dot(r2,r2)/dot(r1,r1);
p2=r2+f*p1;
n=1;
for i=1:rank(A)-1
x0=x;
p1=p2;
r1=r2;
d=dot(r1,r1)/dot(p1,A*p1);
x=x0+d*p1;
r2=r1-d*A*p1;
f=dot(r2,r2)/dot(r1,r1);
p2=r2+f*p1;
n=n+1;
end
d=dot(r2,r2)/dot(p2,A*p2);
x=x+d*p2;
n=n+1;
return
```

在 Matlab 命令窗口输入

```
>> c17
```

回车得到

```
x1=
    5.7667
    2.9167
    1.9310
    1.4333
    1.1349
n=
  6
```

3.4.3　预处理的共轭梯度法

当线性方程组 $Ax=b$ 为病态方程组时,共轭梯度算法会收敛得很慢。预处理技术是在使用共轭梯度法求解线性方程组之前对系数矩阵进行一些变换,然后再对线性方程组进行求解的技术。

在线性方程组 $Ax=b$ 两边同时乘上一个非奇异矩阵 F,原方程组转化成 $FAx=Fb$。选取矩阵 F 使得矩阵 FA 的条件数小于矩阵 A 的条件数即可。对变换后的方程 $FAx=Fb$ 用共轭梯度法求解,则 $(FA)^{-1}Fb$ 为原方程的解。理想的情况是取矩阵 $F=A^{-1}$,但对病态方程而言,求矩阵的逆矩阵太费时间,实际上,取 $F^2=\mathrm{diag}(1/a_{11},1/a_{22},\cdots,1/a_{nn})$ 或者取系数矩阵 A 的三条对角线构成的矩阵,再对其进行楚列斯基分解,矩阵 F 取为分解后的上三角矩阵即可。

应用实例 3.18　用预处理的共轭梯度法求解应用实例 3.17。初始值取 $x^{(0)}=[0,0,0,0,0]^T$,预处理矩阵 F 取 5 阶帕斯卡矩阵。迭代 10 次以后即可得到精确解。

程序 3.18

```
function c18( )
% 预处理的共轭梯度法求解线性方程组
clear all; close all;
eps=1.0e-8; % 迭代中止精度
M=1000; % 最大迭代次数
A=[25 -300 1050 -1400 630;-300 4800 -18900 26880 -12600;...
    1050 -18900 79380 -117600 56700;-1400 26880 -117600 179200 -88200;...
    630 -12600 56700 -88200 44100];
b=[5;3;-1;0;-2];
x0=[0;0;0;0;0];
MM=pascal(5) % 预处理矩阵
[x,flag,re,it]=pcg(A,b,eps,M,MM,MM,x0)
```

在 Matlab 命令窗口输入

```
>> c18
```

回车得到

```
x=
    5.7667
    2.9167
```

```
    1.9310
    1.4333
    1.1349
flag=
    0
re=
    1.7745e-10
it=
    10
```

输出的x为求得的迭代解,flag取值为 0,表示在指定迭代次数之内按照给定的精度收敛,re为输出的相对误差,it为迭代次数。

3.5　特殊解法——三对角矩阵的追赶法

对于系数矩阵为对角占优的三对角矩阵,存在一种特殊的解法:追赶法。追赶法首先对系数矩阵 A 作如下三角分解:

$$A=LU$$

其中矩阵 L 为下三角的两对角矩阵,矩阵 U 为上三角的两对角矩阵,且主对角线元素全是 1。求解时先求解 $Ly=b$ 的解 y,再求解 $Ux=y$ 的解 x。

应用实例 3.19　　用追赶法求解三对角线性方程组

$$
\begin{aligned}
2.5x_1 &+x_2 & & & & &=1\\
x_1&+1.5x_2 &+x_3 & & & &=1\\
 & x_2&+0.5x_3 &+x_4 & & &=1\\
 & & x_3&+0.5x_4 &+x_5 & &=1\\
 & & & x_4&+1.5x_5 &+x_6 &=1\\
 & & & & x_5&+2.5x_6 &=1
\end{aligned}
$$

程序 3.19

```
function c19( )
% 追赶法求解三对角线性方程组
clear all; close all;
A=[2.5 1 0 0 0 0; 1 1.5 1 0 0 0; 0 1 0.5 1 0 0;...
    0 0 1 0.5 1 0; 0 0 0 1 1.5 1; 0 0 0 0 1 2.5];
b=[1;1;1;1;1;1];
x0=[0;0;0;0;0;0];
```

```
x=followup(A,b)
function x=followup(A,b)
n=rank(A);
for i=1:n
if A(i,i)==0
disp('对角线有元素为 0')
return
end
end
d=ones(n,1);
a=ones(n-1,1);
c=ones(n-1);
for i=1:n-1
a(i,1)=A(i+1,i);
c(i,1)=A(i,i+1);
d(i,1)=A(i,i);
end
d(n,1)=A(n,n);
for i=2:n
d(i,1)=d(i,1)-(a(i-1,1)/d(i-1,1))*c(i-1,1);
b(i,1)=b(i,1)-(a(i-1,1)/d(i-1,1))*b(i-1,1);
end
x(n,1)=b(n,1)/d(n,1);
for i=n-1:-1:1
x(i,1)=(b(i,1)-c(i,1)*x(i+1,1))/d(i,1);
end
```

在 Matlab 命令窗口输入

```
>> c19
```

回车得到

```
x=
   0.4615
  -0.1538
   0.7692
```

```
  0.7692
 -0.1538
  0.4615
```

经验算,输出的迭代解x为精确解。

3.6　有无穷多组解的线性方程组的解法

对于此类方程的求解可分为三个步骤:

(1) 求 $Ax=b$ 的一个特解;

(2) 求 $Ax=0$ 的通解;

(3) 将特解与通解组合成最终的解。

应用实例 3.20　求解下列线性方程组

$$\begin{cases} 4x_1 + 8x_2 - 6x_3 + 2x_4 = 1 \\ x_1 + 3x_2 + 9x_3 + 5x_4 = 2 \\ 5x_1 + 11x_2 + 3x_3 + 7x_4 = 3 \\ 3x_1 + 5x_2 - 15x_3 - 3x_4 = -1 \end{cases}$$

程序 3.20

```
function c20( )
% 有无穷多组解的线性方程组
clear all; close all;
A=[4 8 -6 2; 1 3 9 5; 5 11 3 7; 3 5 -15 -3];
b=[1;2;3;-1];
D=[A b];
S=rref(D) %  采用增广矩阵法求解
```

在 Matlab 命令窗口输入

```
>> c20
```

回车得到

```
S=
```

1.0000	0	-22.5000	-8.5000	-3.2500
0	1.0000	10.5000	4.5000	1.7500
0	0	0	0	0
0	0	0	0	0

上面例子是采用增广矩阵方法求解的。从输出结果S可以看出,此方程的一个特解为 $x_0 = [-3.25, 1.75, 0, 0]^T$,其基础解系含有两个基向量:

$$\xi_1 = [-22.5, 10.5, 1, 0]^T, \quad \xi_2 = [-8.5, 4.5, 0, 1]^T$$

则方程组最终的通解为 $x = x_0 + c_1\xi_1 + c_2\xi_2$,其中 c_1、c_2 为任意实数。

本 章 小 结

本章详细叙述了在 Matlab 中求解线性方程组的常用解法,包括高斯消去法、矩阵分解法、迭代法、梯度法、特殊解法以及有无穷多组解的线性方程组的解法。求解线性方程组的算法及理论已经发展成熟,方法多样,本章不可能给出所有算法,读者可参考相关文献。针对具体方程组,分析其特点,采用合适的方法进行求解。

第 4 章　非线性方程组的解法

本章主要介绍非线性方程组的数值求解方法。求解非线性方程组的问题比较复杂,其理论远不如线性方程组成熟有效,尤其是非线性方程组解的存在唯一性都还没有完全解决,判断其解的存在性和解的个数几乎没有任何可行的方法。尽管目前已有多种数值求解方法,但在实际应用中,往往需要选取某种合适的方法才能成功。利用 Matlab 提供的函数,可以求解一些简单的非线性方程组,通过编程可以解决一些较为复杂的非线性方程组。迭代方法是求解非线性方程组的主要数值方法。

4.1　Matlab 中非线性方程组的求根函数

Matlab 中求解非线性方程组的函数主要是函数 fsolve, fsolve 可以用来求解单变量的非线性方程和多变量的非线性方程组的根。fsolve 函数的基本用法请参阅第 2 章。

应用实例 4.1　用 fsolve 函数求解方程组

$$\begin{cases} x^2 - y - 2 = 0 \\ y^2 - 2x - 4 = 0 \end{cases}$$

在点 $[x,y]^T = [2,2]^T$ 附近的根。

程序 4.1

```
function c1( )
% fsolve 函数求解非线性方程组的根
clear all; close all;
x0=[2 2];
opt=optimset('Display','iter');
[r,val]=fsolve(@ myfun,x0)
function F=myfun(x)
F=[x(1)^2-x(2)-2;x(2)^2-2*x(1)-4];
return
```

在 Matlab 命令窗口输入

>> c1

回车得到

r=
　　2.2143　　　2.9032
val=
　　　1.0e-11*
　　　0.2075
　　　0.1525

从输出结果可知,方程组在 $[x,y]^T=[2,2]^T$ 附近的根为 $[x,y]^T=[2.2143,\ 2.9032]^T$, $f(x,y)$ 在点 $[x,y]^T=[2.2143,2.9032]^T$ 的函数值 fval $=10^{-11}\times[0.2075,0.1525]^T$,由此可见,解附近的函数值非常接近零向量。

应用实例 4.2　用 fsolve 函数求解矩阵方程

$$A^2=\begin{bmatrix}-11 & -8\\ 24 & -3\end{bmatrix}$$

的一个根,取初始解矩阵 $A_0=\begin{bmatrix}1 & 1\\ 1 & 1\end{bmatrix}$。

程序 4.2

```
function c2( )
% fsolve 函数求解矩阵方程
clear all; close all;
x0=[1 1 ; 1 1];
opt=optimset('Display','iter');
r=fsolve(@ matrixfun,x0)
function F=matrixfun(x)
F=x*x-[-11 -8; 24 -3];
return
```

在 Matlab 命令窗口输入

>> c2

回车得到

r=
　　1.0000　　-2.0000
　　6.0000　　　3.0000

经验证,矩阵 $\begin{bmatrix} 1 & -2 \\ 6 & 3 \end{bmatrix}$ 的平方等于 $\begin{bmatrix} -11 & -8 \\ 24 & -3 \end{bmatrix}$,求解成功。

4.2　不动点迭代方法

非线性方程组的不动点迭代方法的基本原理与用法与非线性方程的不动点迭代方法相同。

应用实例 4.3　用不动点迭代法求解非线性方程组

$$\begin{cases} x + x\sin y - 2.2378 = 0 \\ x^3 - y - \cos y = 0 \end{cases}$$

取初始迭代值 $[x_0, y_0]^T = [0, 0]^T$。

将方程改写成

$$\begin{cases} x = -x\sin y + 2.2378 \\ y = x^3 - \cos y \end{cases}$$

迭代格式为

$$\begin{cases} x^{(k+1)} = -x^{(k)}\sin y^{(k)} + 2.2378 \\ y^{(k+1)} = (x^{(k)})^3 - \cos y^{(k)} \end{cases}$$

程序 4.3

```
function c3( )
% 不动点迭代法求解非线性方程组
clear all; close all;
x0=[0 0];
eps=10^(-8);
[x,n]=stablepoint(x0,eps)
function [r,n]=stablepoint(x0,eps)
r=myfun(x0);
n=0;
tol=1;
while tol> eps
x0=r;
r=myfun(x0);
tol=norm(r-x0);
n=n+1;
if(n> 100000)
```

```
disp('迭代步数太多,可能不收敛')
return
end
end
return
function f=myfun(x)
f(1)=-x(1)*sin(x(2))+2.2378;
f(2)=x(1)^3-cos(x(2));
f=[f(1) f(2)];
return
```

在 Matlab 命令窗口输入

```
>> c3
```

回车得到

```
x=
    1.1602    1.1911
n=
    363
```

经过 363 次迭代,得到的非线性方程组的解 $[x,y]^T=[1.1602,1.1911]^T$。

4.3　高斯-赛德尔迭代法

非线性方程组的高斯-赛德尔迭代法与线性方程组的高斯-赛德尔迭代法都是对迭代值进行修正。在不动点迭代方法中,迭代时将当前的近似值代入每一个方程进行计算。每迭代一步后,重新将新迭代得到的值一次性替换上一步的值。而高斯-赛德尔迭代的思想是在计算第一个方程得到第一个自变量后,就把自变量更新代入第二个方程的计算,计算完第二个方程时也就算出了第二个自变量,把新的自变量及时更新代入第三个方程,如此进行下去。一般而言,高斯-赛德尔迭代要比简单的不动点迭代快很多。

应用实例 4.4　用高斯-赛德尔迭代法求解非线性方程组

$$\begin{cases} 4x-y+0.1e^x-1=0 \\ x-\dfrac{x^2}{8}-4y=0 \end{cases}$$

取初始迭代值 $[x_0,y_0]^T=[0,0]^T$。

将方程组改写成

$$\begin{cases} x = \dfrac{1+y-0.1\mathrm{e}^x}{4} \\[2mm] y = \dfrac{1}{4}\left(x - \dfrac{x^2}{8}\right) \end{cases}$$

迭代格式为

$$\begin{cases} x^{(k+1)} = \dfrac{1+y^{(k)}-0.1\mathrm{e}^{x^{(k)}}}{4} \\[2mm] y^{(k+1)} = \dfrac{1}{4}\left[x^{(k)} - \dfrac{(x^{(k)})^2}{8}\right] \end{cases}$$

程序 4.4

```
function c4( )
% 高斯-赛德尔迭代法求解非线性方程组
clear all; close all;
x0=[0 0];
eps=10^(-8);
[x,n]=gseid(x0,eps)
function [x,n]=gseid(x0,eps)
n=0;
tol=1;
while tol>eps
x1=myfun(x0);
tol=norm(x1-x0);
x0=x1;
n=n+1;
if(n>100000)
disp('迭代步数太多,可能不收敛')
return
end
end
x=x1;
return
function f=myfun(x)
f(1)=(1+x(2)-0.1*exp(x(1)))/4;
f(2)=(x(1)-x(1)^2/8)/4;
```

```
f=[f(1) f(2)];
return
```

在 Matlab 命令窗口输入

```
>> c4
```

回车得到

```
x=
    0.2326       0.0565
n=
    14
```

经过 14 次迭代,得到的非线性方程组的解 $[x,y]^{\mathrm{T}}=[0.2326,0.0565]^{\mathrm{T}}$。

4.4　牛顿迭代法

设待求非线性方程组为 $\boldsymbol{F}(x_1,x_2,\cdots,x_n)=\boldsymbol{0}$。令

$$\boldsymbol{x}=[x_1,x_2,\cdots,x_n]^{\mathrm{T}}$$

$$\boldsymbol{F}=\begin{bmatrix} f_1(x_1,x_2,\cdots,x_n) \\ f_2(x_1,x_2,\cdots,x_n) \\ \vdots \\ f_n(x_1,x_2,\cdots,x_n) \end{bmatrix}$$

牛顿迭代法的迭代公式为

$$\boldsymbol{x}^{(k+1)}=\boldsymbol{x}^{(k)}-(\boldsymbol{F}'(\boldsymbol{x}^{(k)}))^{-1}\boldsymbol{F}(\boldsymbol{x}^{(k)})$$

牛顿迭代法的一般求解步骤如下:

(1) 给出初始值 $\boldsymbol{x}^{(0)}$;

(2) 对 $k=1,2,\cdots$,计算 $\boldsymbol{F}'(\boldsymbol{x}^{(k)})$ 和 $\boldsymbol{F}(\boldsymbol{x}^{(k)})$;

(3) 求出 $\boldsymbol{x}^{(k+1)}$,并进行精度控制。

牛顿迭代法具有较快的收敛速度,但是从其基本原理可以看出其计算量还是比较大的。在每一步迭代中需要计算 n 个函数值,还要计算其雅可比矩阵的逆矩阵。为了减少牛顿迭代法的计算量,可以在迭代公式中将 $\boldsymbol{F}'(\boldsymbol{x}^{(k)})$ 取为常数 $\boldsymbol{F}'(\boldsymbol{x}^{(0)})$,得到简化牛顿迭代法。

应用实例 4.5　用牛顿迭代法和简化牛顿迭代法求解非线性方程组

$$\begin{cases} 0.5\sin x+0.1\cos(xy)-x=0 \\ \quad 0.5\cos x-0.1\sin y-y=0 \end{cases}$$

取初始迭代值 $[x_0,y_0]^{\mathrm{T}}=[0,0]^{\mathrm{T}}$。

程序 4.5

```
function c5( )
% 牛顿迭代法和简化牛顿迭代法求解非线性方程组
clear all; close all;
x0=[0 0];
eps=10^(-8);
disp('牛顿迭代法求解结果为:')
[x1,n]=multinewton(x0,eps)
disp('简化牛顿迭代法求解结果为:')
[x2,n]=simmultinewton(x0,eps)
function [r,n]=multinewton(x0,eps)
r=x0-myfun(x0)/dmyfun(x0);
n=0;
tol=1;
while tol> eps
x0=r;
r=x0-myfun(x0)/dmyfun(x0);
tol=norm(r-x0);
n=n+1;
if(n> 100000)
disp('迭代步数太多,可能不收敛')
return
end
end
return
function [r,n]=simmultinewton(x0,eps)
r=x0-myfun(x0)/dmyfun(x0);
c=dmyfun(x0);
n=0;
tol=1;
while tol> eps
x0=r;
r=x0-myfun(x0)/c;
tol=norm(r-x0);
```

```
n=n+1;
if(n> 100000)
disp('迭代步数太多,可能不收敛')
return
end
end
return
function f=myfun(x)
f(1)=0.5*sin(x(1))+0.1*cos(x(2)*x(1))-x(1);
f(2)=0.5*cos(x(1))-0.1*sin(x(2))-x(2);
f=[f(1) f(2)];
return
function df=dmyfun(x)
f(1)=0.5*cos(x(1))-0.1*sin(x(2)*x(1))*x(2)-1;
f(2)=-0.1*sin(x(2)*x(1))*x(1);
f(3)=-0.5*sin(x(1));
f(4)=-0.1*cos(x(2))-1;
df=[f(1) f(2); f(3) f(4)];
return
```

在 Matlab 命令窗口输入

```
>> c5
```

回车得到

```
牛顿迭代法求解结果为:
x1=
    0.1979    0.4470
n=
 8
简化牛顿迭代法求解结果为:
x2=
    0.1979    0.4470
n=
 5
```

分别经过 8 次迭代和 5 次迭代,牛顿迭代法和简化牛顿迭代法都得到非线性方程组的解$[x,y]^T=[0.1979,0.4470]^T$。

牛顿下山法的迭代公式为

$$x^{(k+1)}=x^{(k)}-\omega(F'(x^{(k)}))^{-1}F(x^{(k)}), \quad 0<\omega\leqslant1$$

为了保证收敛性，要求 ω 的值满足 $\parallel F(x^{(k+1)})\parallel < \parallel F(x^{(k)})\parallel$。可以采取逐次减半法来确定 ω。为了减少计算量，可以使用差商来替代偏导数。

应用实例 4.6 用牛顿下山法求解应用实例 4.5，取初始迭代值$[x_0,y_0]^T=[0,0]^T$。

程序 4.6

```
function c6( )
% 牛顿下山法求解非线性方程组
clear all; close all;
x0=[0 0];
eps=10^(-8);
[x1,n]=multidownnewton(x0,eps)
function [r,n]=multidownnewton(x0,eps)
r=x0-myfun(x0)/dmyfun(x0);
n=0;
tol=1;
while tol> eps
x0=r;
ttol=1;
w=1;
F1=norm(myfun(x0));
while ttol> =0
r=x0-w*myfun(x0)/dmyfun(x0);
ttol=norm(myfun(r))-F1;
w=w/2;
end
tol=norm(r-x0);
n=n+1;
if(n> 100000)
disp('迭代步数太多,可能不收敛')
return
end
```

```
end
return
function [r,n]=simmultinewton(x0,eps)
r=x0-myfun(x0)/dmyfun(x0);
c=dmyfun(x0);
n=0;
tol=1;
while tol> eps
x0=r;
r=x0-myfun(x0)/c;
tol=norm(r-x0);
n=n+1;
if(n> 100000)
disp('迭代步数太多,可能不收敛')
return
end
end
return
function f=myfun(x)
f(1)=0.5*sin(x(1))+0.1*cos(x(2)*x(1))-x(1);
f(2)=0.5*cos(x(1))-0.1*sin(x(2))-x(2);
f=[f(1) f(2)];
return
function df=dmyfun(x)
f(1)=0.5*cos(x(1))-0.1*sin(x(2)*x(1))*x(2)-1;
f(2)=-0.1*sin(x(2)*x(1))*x(1);
f(3)=-0.5*sin(x(1));
f(4)=-0.1*cos(x(2))-1;
df=[f(1) f(2); f(3) f(4)];
return
```

在 Matlab 命令窗口输入

>> c6

回车得到

```
x1=
    0.1979    0.4470
n=
    8
```

注:牛顿迭代法每迭代一次,都要计算当前一步的雅可比矩阵的逆矩阵,计算量比较大。虽然简化牛顿迭代法也不失为一种方法,但有时候其计算效果不能令人满意。拟牛顿迭代法是 20 世纪 60 年代以来发展起来的算法,它克服了牛顿迭代法需要求导和求逆的缺点,是目前实际使用中非常有效的方法。

为了不每次迭代都计算逆矩阵,设法构造一个矩阵 $\boldsymbol{A}_k$ 拟逼近 $\boldsymbol{F}'(\boldsymbol{x}^{(k)})$ 的逆矩阵,这样迭代公式变为

$$\boldsymbol{x}^{(k+1)} = \boldsymbol{x}^{(k)} - \boldsymbol{A}_k \boldsymbol{F}(\boldsymbol{x}^{(k)})$$

选取不同的矩阵 $\boldsymbol{A}_k$,就得到各种类型的拟牛顿迭代法。这里主要介绍 Broyden 第一方法和 Broyden 第二方法。Broyden 第一方法的基本迭代公式为

$$\boldsymbol{x}^{(k+1)} = \boldsymbol{x}^{(k)} - \boldsymbol{A}_k \boldsymbol{F}(\boldsymbol{x}^{(k)})$$

$$\boldsymbol{A}_{k+1} = \boldsymbol{A}_k + \frac{(\Delta \boldsymbol{x}^{(k)} - \boldsymbol{A}_k \boldsymbol{y}^k)(\Delta \boldsymbol{x}^{(k)})^{\mathrm{T}} \boldsymbol{A}_k}{(\Delta \boldsymbol{x}^{(k)})^{\mathrm{T}} \boldsymbol{A}_k \boldsymbol{y}^k}$$

其中 $\Delta \boldsymbol{x}^{(k)} = \boldsymbol{x}^{(k+1)} - \boldsymbol{x}^{(k)}$,$\boldsymbol{y}^{(k)} = \boldsymbol{F}(\boldsymbol{x}^{(k+1)}) - \boldsymbol{F}(\boldsymbol{x}^{(k)})$。在迭代过程中,矩阵 $\boldsymbol{A}_k$ 的更新是非常重要的,这也是拟牛顿迭代法的重要思想所在。

应用实例 4.7　用 Broyden 第一方法求解非线性方程组

$$\begin{cases} 3x - \cos(yz) - 1/2 = 0 \\ x^2 - 81(y+0.1)^2 + \sin z + 1.06 = 0 \\ \mathrm{e}^{-xy} + 20z + \dfrac{10\pi - 3}{3} = 0 \end{cases}$$

取初始迭代值 $\boldsymbol{x}^{(0)} = [0.1, 0.1, -0.1]^{\mathrm{T}}$。

程序 4.7

```
function c7( )
% Broyden 第一方法求解非线性方程组
clear all; close all;
x0=[0.1; 0.1;-0.1];
eps=10^(-8);
[x,n]=broyden1(x0,eps)
F_value=myfun(x)
function [x,n]=broyden1(x0,eps)
H0=df2(x0);
```

```
H0=inv(H0);
x1=x0-H0*myfun(x0);
n=1;
tol=1;
while tol> eps
tol=norm(x1-x0);
dx=x1-x0;
y=myfun(x1)-myfun(x0);
fenzi=dx'*H0*y;
H1=H0+(dx-H0*y)*(dx)'*H0/fenzi;
temp_x0=x0;
x0=x1;
x1=temp_x0-H1*myfun(temp_x0);
H=H1;
n=n+1;
end
x=x1;
return
function f=myfun(x)
f(1)=3*x(1)-cos(x(2)*x(3))-1/2;
f(2)=x(1)^2-81*(x(2)+0.1)^2+sin(x(3))+1.06;
f(3)=exp(-x(1)*x(2))+20*x(3)+(10*pi-3)/3;
f=[f(1); f(2); f(3)];
return
function f=df2(x)
f=[3x(3)*sin(x(2)*x(1)) x(2)*sin(x(2)*x(3)); ...
2*x(2)-162*(x(2)+0.1) cos(x(3));...
-x(2)*exp(-x(1)*x(2))-x(1)*exp(-x(1)*x(2)) 20];
return
```

在 Matlab 命令窗口输入

```
>> c7
```

回车得到

```
x=
```

```
  0.5000
  0.0000
 -0.5236
n=
  8
F_value=
      1.0e-14*
      0
      0.0222
      0.1776
```

经过 8 次迭代,得到的非线性方程组的解 $x=[0.5,0,-0.5236]^{\mathrm{T}}$,函数 F 在 $x=[0.5,0,-0.5236]^{\mathrm{T}}$ 上的值为 $10^{-14}\times[0,0.0222,0.1776]^{\mathrm{T}}$,与零向量非常接近。

Broyden 第二方法的基本迭代公式为

$$x^{(k+1)}=x^{(k)}-A_kF(x^{(k)})$$

$$A_{k+1}=A_k+\frac{(\Delta x^{(k)}-A_ky^k)(\Delta x^{(k)}-A_ky^k)^{\mathrm{T}}}{(\Delta x^{(k)}-A_ky^k)^{\mathrm{T}}A_ky^k}$$

其中 $\Delta x^{(k)}=x^{(k+1)}-x^{(k)}$,$y^{(k)}=F(x^{(k+1)})-F(x^{(k)})$。

应用实例 4.8　用 Broyden 第二方法求解应用实例 4.7,取初始迭代值 $x^{(0)}=[0.1,0.1,-0.1]^{\mathrm{T}}$。

程序 4.8

```
function c8( )
% Broyden 第二方法求解非线性方程组
clear all; close all;
x0=[0.1; 0.1;-0.1];
eps=10^(-8);
[x,n]=broyden2(x0,eps)
F_value=myfun(x)
function [x,n]=broyden2(x0,eps)
H0=df2(x0);
H0=inv(H0);
x1=x0-H0*myfun(x0);
n=1;
tol=1;
```

```
while tol> eps
tol=norm(x1-x0);
dx=x1-x0;
y=myfun(x1)-myfun(x0);
fenzi=(dx-H0*y)'*y;
H1=H0+(dx-H0*y)*(dx-H0*y)'*H0/fenzi;
temp_x0=x0;
x0=x1;
x1=temp_x0-H1*myfun(temp_x0);
H=H1;
n=n+1;
end
x=x1;
return
function f=myfun(x)
f(1)=3*x(1)-cos(x(2)*x(3))-1/2;
f(2)=x(1)^2-81*(x(2)+0.1)^2+sin(x(3))+1.06;
f(3)=exp(-x(1)*x(2))+20*x(3)+(10*pi-3)/3;
f=[f(1); f(2); f(3)];
return
function f=df2(x)
f=[3x(3)*sin(x(2)*x(1)) x(2)*sin(x(2)*x(3)); ...
2*x(2)-162*(x(2)+0.1) cos(x(3));...
-x(2)*exp(-x(1)*x(2))-x(1)*exp(-x(1)*x(2)) 20];
return
```

在 Matlab 命令窗口输入

```
>> c8
```

回车得到

```
x=
    0.5000
    0.0000
   -0.5236
n=
```

```
41
F_value=

   1.0e-06*

   -0.0000

   -0.4586

   0.0114
```

经过 41 次迭代,得到的非线性方程组的解 $x=[0.5,0,-0.5236]^T$,函数 F 在 $x=[0.5,0,-0.5236]^T$ 上的值为 $10^{-6}\times[0,-0.4586,0.0114]^T$,与零向量非常接近。

本 章 小 结

本章详细叙述了在 Matlab 中求解非线性方程组的常用方法,包括 Matlab 中的自带函数 fsolve、不动点迭代法、高斯-赛德尔迭代法以及各种牛顿、拟牛顿迭代法。到目前为止,已有多种数值方法可用于求解非线性方程组,但在实际应用中,往往需要选取某种合适的方法才能成功。

第 5 章　插　值　法

本章主要介绍插值的基本概念与算法。在科学研究与其他领域遇到的许多实际问题中,经常出现函数不便于处理或计算的情形:有时函数关系没有明确的解析表达式,需要根据实验数据或其他方法来确定与自变量的某些值相对应的函数值;有时函数虽然有明确的解析表达式,但是使用起来很不方便。因此,在实际应用中,往往需要对实际使用的函数建立一个简单的便于处理和计算的近似表达式,即用一个简单的函数表达式来近似代替原来复杂的函数。与用近似数代替准确值一样,这也是计算方法中最基本的概念与方法之一。近似代替又称为逼近。用简单函数 $y(x)$ 代替原来的复杂函数 $f(x)$ 时,$f(x)$ 称为被逼近函数,$y(x)$ 称为逼近函数,两者的差 $E(x)=f(x)-y(x)$ 称为逼近的误差或余项。插值就是针对某个插值节点 x_i,用插值节点 x_i 上的已知值 $f(x_i)$ 组合生成函数 $f(x)$ 的近似值。最简单的插值方法是多项式插值方法,采用 Matlab,既可以利用其提供的插值函数,又可以编程来实现插值。

5.1　Matlab 中的插值函数

实际问题中遇到的函数 $y=f(x)$ 往往是很复杂的,甚至有的函数很难找到它的解析表达式。有时通过实验或数值计算得到的也只是一些离散的(一般是互不相同)点 $x_0,x_1,\cdots,x_n$ 上的函数值,即 $y_i=f(x_i),i=0,1,\cdots,n$。插值的任务是构造一个函数 $g(x)$,使得

$$g(x_i)=y_i, \quad i=0,1,\cdots,n$$

这样的函数 $g(x)$ 称为插值函数,$x_0,x_1,\cdots,x_n$ 称为插值节点。$g(x)$ 选取的目标是对于区间内的其他点 x,使得插值余项的绝对值

$$|E(x)|=|f(x)-g(x)|$$

尽可能小。如果插值节点在区间范围内,称为内插;在区间范围外,称为外插。

比较常用的插值函数有代数多项式插值、有理分式插值、三角多项式插值等,只不过它们的构造方法各不相同,从而其代数精度和误差也不相同。

代数多项式插值是最常用的插值方法,它又可分为以下几种插值方式:

(1) 等距节点插值,包括利用差分的牛顿插值和高斯插值等;

(2) 非等距节点插值,包括拉格朗日插值、艾特肯插值和利用均差的牛顿插值;

(3) 在插值中增加了导数的埃尔米特插值;

（4）分段插值，包括分段线性插值、分段埃尔米特插值和样条插值等；

（5）反插值。

下面首先介绍 Matlab 提供的插值函数，然后介绍数值方法中其他常用的插值方法。

5.1.1　一元插值函数

Matlab 中的一元插值函数为interp1，其功能是对一维数据进行插值。在使用interp1时，可以选以下几种插值形式。

1. 分段线性插值

在每个小区间$[x_{i-1}, x_i]$上采取简单的线性插值。在区间$[x_{i-1}, x_i]$上的插值多项式为

$$F_i(x) = \frac{x - x_i}{x_{i-1} - x_i} f(x_{i-1}) + \frac{x - x_{i-1}}{x_i - x_{i-1}} f(x_i)$$

因此，整个区间$[x_0, x_n]$上的插值函数为

$$F(x) = \sum_{i=1}^{n} F_i(x) l_i(x)$$

其中$l_i(x)$定义为

$$l_i(x) = \begin{cases} \dfrac{x - x_{i-1}}{x_i - x_{i-1}}, & x \in [x_{i-1}, x_i] \\ \dfrac{x - x_{i+1}}{x_i - x_{i+1}}, & x \in [x_i, x_{i+1}] \\ 0, & x \notin [x_{i-1}, x_{i+1}] \end{cases}$$

分段线性插值方法在速度和误差之间取得了比较好的均衡，得到的插值函数具有连续性，但在已知点处的斜率一般会改变，因此是不光滑的。

应用实例 5.1　采用interp1对函数$y = \cos x$进行分段线性插值。

程序 5.1

```
function c1( )
clear all; close all;
x=0:0.1:2*pi;
y=cos(x);
xx=0:0.5:2*pi;
yy=interp1(x,y,xx);
plot(x,y,'r-',xx,yy,'b*-');
legend('cos(x)','分段线性插值');
```

在 Matlab 命令窗口输入

```
>> c1
```

回车得到 $y = \cos x$ 及其分段线性插值函数的图形,见图 5-1。

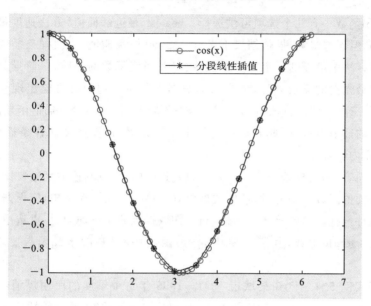

图 5-1　$y = \cos x$ 及其分段线性插值函数

2. 样条插值

当插值节点很多时,使用高次插值未必能取得非常好的效果。样条插值属于分段光滑插值,其基本思想是在由两相邻节点所构成的每一个小区间内用低次多项式来逼近,并且在各节点的连接处又保证是光滑的(即导数连续)。样条插值可以适应不同光滑性的需求。三次样条是使用最广的样条插值,它在每个子区间 $[x_{i-1}, x_i]$ 上都是具有导数二阶连续的三次多项式,即

$$p(x) = \begin{cases} p_1(x), & x \in [x_0, x_1] \\ p_2(x), & x \in [x_1, x_2] \\ \vdots & \vdots \\ p_n(x), & x \in [x_{n-1}, x_n] \end{cases}$$

其中,每个 $p_i(x)$ 都是三次多项式。

对于给定的观测数据 (x_i, y_i),要找一个三次多项式 $y = p(x)$ 通过每对观测点 (x_i, y_i)。因为过两个不同点 (x_{i-1}, y_{i-1}) 和 (x_i, y_i) 只能确定一条直线,而通过一点的三次多项式曲线有无数多条。因此,为得到唯一的三次多项式(三次多项式有 4 个系数),$y = p(x)$ 要满足以下的连续性条件和边界条件:

(1) 三次多项式在观测点(x_{i-1}, y_{i-1})处满足 $p_{i-1}(x_{i-1}) = p_i(x_{i-1})$；

(2) 三次多项式在观测点(x_{i-1}, y_{i-1})处满足 $p'_{i-1}(x_{i-1}) = p'_i(x_{i-1})$；

(3) 三次多项式在观测点(x_{i-1}, y_{i-1})处满足 $p''_{i-1}(x_{i-1}) = p''_i(x_{i-1})$；

(4) 满足边界条件 $f''(x_0) = f''(x_n) = 0$。

interp1函数中有几个选项可供选择。nearest(最近邻插值)方法速度最快,占用内存最小,但误差最大,插值结果不光滑。spline(样条插值、三次样条插值)方法是所有插值方法中最慢的一个,其插值函数以及插值函数的一阶、二阶导数都连续,因此它是最光滑的插值方法,但当已知数据点分布不均匀时可能出现异常结果。pchip(分段三次埃尔米特插值)方法是三次插值中插值函数以及插值函数的一阶导数都连续的插值方法,因此其插值结果也比较光滑,运算速度比样条插值方法稍快,但占用内存最多。

一般而言,因为样条插值的二阶导数是连续的,所以其插值函数要比分段三次埃尔米特插值函数更加光滑,插值效果更好一些。在实际应用中,应根据实际需求和运算条件选择合适的算法。另外,当已知数据点分布不均匀时,可选用另外一种插值函数interp1q函数,其速度要比interp1函数快,但是interp1q函数要求 x 单调递增。

应用实例 5.2　已知某城市 1991—1996 年每个季度的民用煤消耗量(见表 5-1,单位为 t)。使用不同的插值方法,对此数据进行插值,并比较插值的效果。

表 5-1　某城市 1991—1996 年每个季度的民用煤消耗量(单位为 t)

年份	1 季度	2 季度	3 季度	4 季度
1991	6878.4	5343.7	4847.9	6421.9
1992	6815.4	5532.6	4745.6	6406.2
1993	6634.4	5658.5	4674.8	6645.5
1994	7413.5	5863.1	4997.4	6776.1
1995	7130.2	5532.6	4989.6	6642.3
1996	7576.5	5965.3	5202.1	6894.1

程序 5.2

```
function c2( )
clear all; close all;
origin_data=[1991    6878.4    5343.7    4847.9    6421.9;
             1992    6815.4    5532.6    4745.6    6406.2;
```

```
                1993    6634.4   5658.5   4674.8   6645.5;
                1994    7413.5   5863.1   4997.4   6776.1;
                1995    7130.2   5532.6   4989.6   6642.3;
                1996    7576.5   5965.3   5202.1   6894.1];
x=origin_data(:,1);
y=origin_data(:,2:5);
xx=1991:0.2:1996;
y1=interp1(x,y,xx,'nearest');
plot(x,y,'o',xx,y1)
title('最近邻插值'),grid
y2=interp1(x,y,xx,'linear');
figure
plot(x,y,'o',xx,y2)
title('分段线性插值'),grid
y3=interp1(x,y,xx,'spline');
figure
plot(x,y,'o',xx,y3)
title('样条插值'),grid
y4=interp1(x,y,xx,'pchip');
figure
plot(x,y,'o',xx,y4)
title('分段三次埃尔米特插值'),grid
```

在 Matlab 命令窗口输入

```
>> c2
```

回车之后得到的图形如图 5-2 所示。

从图 5-2 可以看出,最近邻插值的效果很不理想,整个图形都是在间断地起伏。分段线性插值就是把相邻的两个点用线段连接起来,没有任何光滑性可言。但是分段线性插值和最近邻插值的计算量都是最小的。插值效果比较好的是样条插值和分段三次埃尔米特插值,得到的曲线都是比较光滑的。

应用实例 5.1 和应用实例 5.2 都是对已知数据点集内部的点进行插值的运算。当插值点落到已知数据集的外部时,interp1函数中可以通过添加extrap参数进行外插。

应用实例 5.3　采用interp1函数对 $y=\cos x$ 进行一维外插。

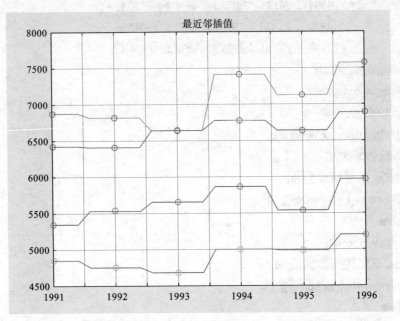

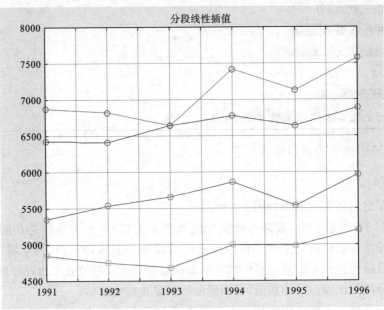

图 5-2　几种插值函数的图形

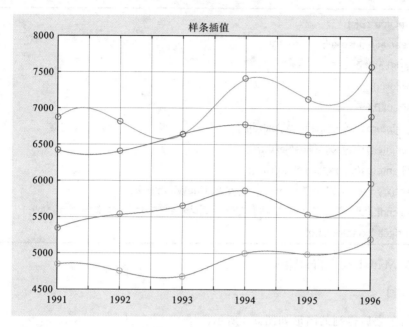

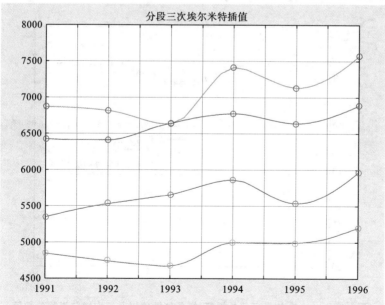

续图 5-2

程序 5. 3

```
function c3( )
clear all; close all;
x=0:0.5:2*pi;
y=cos(x);
xx=-pi:0.5:3*pi;
y1=interp1(x,y,xx,'nearest','extrap');
y2=interp1(x,y,xx,'spline','extrap');
y3=interp1(x,y,xx,'pchip','extrap');
plot(x,y,'r-o',xx,y1,'b-*',xx,y2,'-.',xx,y3,':','LineWidth',1.2);
legend('离散点','最近邻外插值','样条外插值','三次埃尔米特外插值');
set(gca,'FontSize',12);
```

在 Matlab 命令窗口输入

```
>> c3
```

回车之后得到的图形如图 5-3 所示。

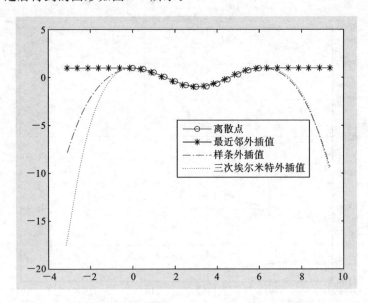

图 5-3 $y=\cos x$ 的最近邻外插值、样条外插值以及三次埃尔米特外插值

　　值得注意的是,如果需要解决的是实际问题,如应用实例 5.2,最好不要使用外插方法进行预测,因为预测的结果往往令人失望。如果必须使用外推方法进行预测,可以考虑采用其他相关的数学方法处理此类问题。

5.1.2　二元插值函数

Matlab 中提供了 interp2 函数进行二维插值,用法类似于一维插值函数 interp1。不过 interp2 函数可选的插值方法只有 nearest(最近邻)插值、linear(双线性)插值、spline(三次样条)插值和 cubic(双三次)插值,其中双线性插值是默认的插值方法。

在使用 interp2 函数时,需要注意的是:

(1) 在二维插值中,已知数据点集 (x_i, y_i) 必须是栅格格式,一般由 meshgrid 函数产生;

(2) 已知数据点集 (x_i, y_i) 必须是严格单调的,即单调递增或者单调递减;

(3) 当已知数据点集 (x_i, y_i) 在平面上分布不均匀时,interp2 函数首先会通过一定的变换将其转换为均匀分布的。

应用实例 5.4　采用 interp2 函数,以最近邻插值、双线性插值和双三次插值方式进行二维插值,并绘制三维表面图。

程序 5.4

```
function c4( )
clear all; close all;
[x,y]=meshgrid(-4:4);
z=peaks(x,y);
[x1,y1]=meshgrid(-4:0.25:4);
z1=interp2(x,y,z,x1,y1,'nearest');
set(gca,'FontSize',12);
figure(1)
surf(x1,y1,z1);
legend('最近邻插值');
figure(2)
z2=interp2(x,y,z,x1,y1,'linear');
surf(x1,y1,z2);
legend('双线性插值');
figure(3)
z3=interp2(x,y,z,x1,y1,'cubic');
surf(x1,y1,z3);
legend('双三次插值');
```

在 Matlab 命令窗口输入

```
>> c4
```

回车之后得到的图形如图 5-4 所示。

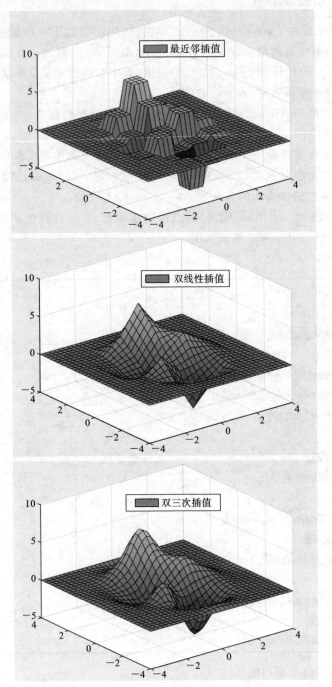

图 5-4　采用最近邻插值、双线性插值以及双三次插值得到的三维表面图

5.1.3　其他插值函数

当数据点呈现周期性分布时,显然用上面的几种插值算法都不太合适。这时可以采用interpft函数进行插值。此函数用快速傅里叶算法作一维插值,用法如下:

$$y= \text{interpft}(x,n)$$

它返回周期函数在重采样的 n 个等距节点的插值,需要注意的是 n 必须大于 x 的长度。另外,样条插值可以用spline函数,三次埃尔米特插值可以用pchip函数。

应用实例 5.5　采用interpft函数对余弦函数 $y=\cos x$ 进行周期插值、三次埃尔米特插值以及样条插值。

程序 5.5

```
function c5( )
clear all; close all;
x=0:0.1:2*pi;
y=cos(x);
set(gca,'FontSize',12);
z1=interpft(y,20);
xx=linspace(0,2*pi,20);
z2=pchip(x,y,xx);
ppol=spline(x,y);
z3=ppval(ppol,xx);
plot(x,y,'r-o',xx,z1,'b*-',xx,z2,'-s',xx,z3,'-h')
legend('cos(x)','周期插值','三次埃尔米特插值','样条插值');
```

在 Matlab 命令窗口输入

```
>> c5
```

回车之后得到的图形如图 5-5 所示。

Matlab 还提供了三维,甚至更高维的插值函数。为了方便产生插值点,Matlab 还有几个函数用来产生二维或高维空间的栅格点,如 $[X_1,X_2]$=meshgrid(x_1,x_2)产生二维栅格点, $[X_1,X_2,\cdots,X_n]$=ndgrid($x_1,x_2,\cdots,x_n$)产生 n 维栅格点,VI=interp3($X_1,X_2,X_3,V,Y_1,Y_2,Y_3$,method)按照指定的插值方法找出由点($X_1,X_2,X_3$)决定的三元函数V= V($X_1,X_2,X_3$)在点($Y_1,Y_2,Y_3$)的值,VI=interpn($X_1,X_2,\cdots,X_n,V,Y_1,Y_2,\cdots,Y_n$,method)按照指定的插值方法找出由点($X_1,X_2,\cdots,X_n$)决定的 n 元函数V=V($X_1,X_2,\cdots,X_n$)在点($Y_1,Y_2,\cdots,Y_n$)的值,ZI=griddata(X_1,X_2,Z_1,Y_1,Y_2)按照给定点(X_1,X_2,X_3)拟合二元曲面 $z=$

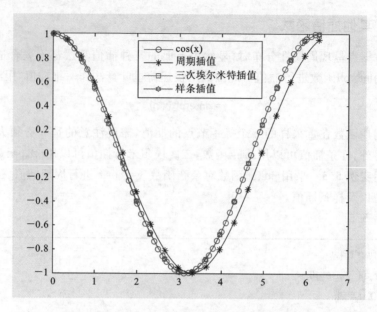

图 5-5　对周期性数据进行周期插值、三次埃尔米特插值以及样条插值

$f(x,y)$，并返回曲面 z 在指定点 (Y_1,Y_2) 的插值。

应用实例 5.6　对于曲面 $z=\sin x+\cos y$，其中 $-3\leqslant x\leqslant 3$，$-3\leqslant y\leqslant 3$，进行高维插值，求曲面在点 $(x,y)=(-0.5,1)$ 处的插值，并和理论值比较。

程序 5.6

```
function c6( )
clear all; close all;
[X,Y]=meshgrid(-3:3);
z=sin(X)+cos(Y);
z1=griddata(X,Y,z,-0.5,1)
z2=griddata(X,Y,z,-0.5,1,'cubic')
z3=griddata(X,Y,z,-0.5,1,'nearest')
z4=griddata(X,Y,z,-0.5,1,'v4')
```

在 Matlab 命令窗口输入

>> c6

回车得到的输出结果如下：

z1=

　0.1196

z2=

　　0.0712

z3=

　　0.5403

z4=

　　0.0611

本题的理论值为 0.0609。griddata 函数默认采用线性插值,计算结果为 0.1196,误差很大。使用双三次插值的结果为 0.0712,最近邻插值结果为 0.5403,4 格点样条插值结果为 0.0611,插值效果最好。

5.2　拉格朗日插值法

通过平面上两个不同的点可以确定一条直线,这就是拉格朗日线性插值。对于不在同一条直线上的三个点,得到的插值多项式为抛物线。拉格朗日插值是比较基础的插值方法,算法易于实现,插值效果也不错。一般的拉格朗日插值的基函数为

$$l_i(x) = \prod_{\substack{j=0 \\ j \neq i}}^{n} \frac{x - x_i}{x_i - x_j}, \quad i = 0, 1, 2, \cdots, n$$

利用上述基函数构造的插值多项式为

$$p(x) = \sum_{i=0}^{n} f(x_i) l_i(x)$$

应用实例 5.7　使用拉格朗日插值法对表 5-2 中的观测点进行插值,并计算当 $x = 1.6$ 时 y 的值。

表 5-2　某实验中得到的观测数据

x_i	1	1.2	1.8	2.5	4
y_i	0.8415	0.9320	0.9738	0.5985	-0.7568

程序 5.7

```
function c7( )
% 拉格朗日插值法
clear all; close all;
t=[1 1.2 1.8 2.5 4];
y=[0.8415 0.9320 0.9738 0.5985 -0.7568];
x0=1.6;
```

```
f=lagrange(t,y)
f=lagrange(t,y,x0);
f=vpa(f,6)
function f=lagrange(t,y,x0)
syms x;
if (length(t)==length(y))
n=length(t);
else
disp('x 和 y 维数不相等');
return
end
f=0.0;
for i=1:n
l=y(i);
for j=1:i-1
l=l*(x-t(j))/(t(i)-t(j));
end
for j=i+1:n
l=l*(x-t(j))/(t(i)-t(j));
end
f=f+l;
simplify(f);
if(i==n)
if(nargin==3)
f=subs(f,'x',x0);
else
f=collect(f);
end
end
end
return
```

在 Matlab 命令窗口输入

```
>> c7
```

回车得到

f=

(236477*x^4)/7207200-(2953751*x^3)/14414400-(5242709*x^2)/360360000

+(21106543*x)/20020000-747/28600

f=

0.999166

表格中的数据是按照函数 $y=\sin x$ 给的。实际上，$\sin 1.6=0.9996$，插值函数给出的在 $x=1.6$ 的值为 0.999166，由此可见，插值函数的精度还是比较高的。

5.3　艾特肯逐步插值法

拉格朗日插值法简单易行，其缺点是一旦插值节点数增加，原有多项式的计算结果不能加以利用，必须重新建立插值多项式，其形式不易简化，计算比较复杂。为了解决这个问题，可以采用艾特肯逐步插值的方法。

首先，为插值多项式引入一种新的表示方法。假设 $P_{i,j}(x)$ 表示通过节点 x_0，$x_1,\cdots,x_i$ 以及 x_j 的 $i+1$ 次插值多项式（共通过 $i+2$ 个节点）。在这种表示方法中，下标 i 表示插值多项式通过前 $i+1$ 个连续节点 $x_0,x_1,\cdots,x_i$，下标 j 表示插值多项式还通过第 $i+2$ 个节点 $x_j(j>i)$。例如，$P_{k-1,k}(x)$ 表示通过节点 $x_0,x_1,\cdots$，x_{k-1} 以及 x_k（共通过 $k+1$ 个节点）的 k 次插值多项式；$P_{k-1,k+1}(x)$ 表示通过节点 $x_0,x_1,\cdots,x_{k-1}$ 以及 x_{k+1}（共通过 $k+1$ 个节点）的 k 次插值多项式。

对于插值多项式 $P_{k-1,k}(x)$ 和 $P_{k-1,k+1}(x)$ 来说，它们所通过的节点数相同，都通过 $k+1$ 个节点，因此，它们都是 k 次插值多项式。将这两个 k 次插值多项式进行线性组合，得到 $P_{k,k+1}(x)$，即

$$P_{k,k+1}(x)=\frac{x-x_{k+1}}{x_k-x_{k+1}}P_{k-1,k}(x)+\frac{x-x_k}{x_{k+1}-x_k}P_{k-1,k+1}(x)$$

$$=P_{k-1,k}(x)+\frac{x-x_k}{x_k-x_{k+1}}\left[P_{k-1,k}(x)-P_{k-1,k+1}(x)\right]$$

上式称为艾特肯逐步插值公式。艾特肯逐步插值公式表明 k 个相同节点与一个不同节点的两个相邻 k 次插值多项式进行线性组合后就得到一个 $k+1$ 次插值多项式，计算比较方便。其构造过程如下：

$$
\begin{array}{llllll}
x_0 & f(x_0) \\
x_1 & f(x_1) & P_{0,1} \\
x_2 & f(x_2) & P_{0,2} & P_{1,2} \\
x_3 & f(x_3) & P_{0,3} & P_{1,3} & P_{2,3} \\
x_4 & f(x_4) & P_{0,4} & P_{1,4} & P_{2,4} & P_{3,4} \\
\vdots & \vdots & \vdots & \vdots & \vdots & \vdots
\end{array}
$$

应用实例 5.8　使用艾特肯逐步插值法求解应用实例 5.7。
程序 5.8

```matlab
function c8( )
% 艾特肯逐步插值法
clear all; close all;
x=[1 1.2 1.8 2.5 4];
y=[0.8415 0.9320 0.9738 0.5985 -0.7568];
x0=1.6;
f=atken(x,y)
f=atken(x,y,x0);
f=vpa(f,6)
function f=atken(x,y,x0)
syms t;
if (length(x)==length(y))
n=length(x);
else
disp('x 和 y 维数不相等');
return
end
y1(1:n)=t;
for i=1:n-1
for j=i+1:n
y1(j)=y(j)*(t-x(i))/(x(j)-x(i))+y(i)*(t-x(j))/(x(i)-x(j));
end
y=y1;
simplify(y1);
end
if(nargin==3)
f=subs(y1(n),'t',x0);
else
simplify(y1(n));
f=collect(y1(n));
end
return
```

在 Matlab 命令窗口输入

`>> c8`

回车得到

f=

(236477*t^4)/7207200-(2953751*t^3)/14414400-(5242709*t^2)/360360000

+(21106543*t)/20020000-747/28600

f=

0.999166

同样,艾特肯逐步插值函数的精度是比较高的。

5.4 牛顿插值法

拉格朗日插值公式具有明显的对称性,公式的每一项与所有的插值节点有关。因此,如果需要增加一个插值节点,则拉格朗日插值公式中的每一项都需要改变,在有的应用中就显得不太方便。本节讨论另一种形式的插值公式,即牛顿插值公式。由于通过相同节点的插值多项式是唯一的,因此,拉格朗日插值公式和牛顿插值公式本质上是同一个多项式,只不过插值形式不同而已。

5.4.1 利用差商的牛顿插值法

函数 $f(x)$ 的差商定义为

$$f[x_k]=f(x_k)$$

$$f[x_{k-1},x_k]=\frac{f[x_k]-f[x_{k-1}]}{x_k-x_{k-1}}$$

$$f[x_{k-2},x_{k-1},x_k]=\frac{f[x_{k-1},x_k]-f[x_{k-2},x_{k-1}]}{x_k-x_{k-2}}$$

$$\vdots$$

$$f[x_{k-j},x_{k-j+1},\cdots,x_k]=\frac{f[x_{k-j+1},x_{k-j+2},\cdots,x_k]-f[x_{k-j},x_{k-j+1},\cdots,x_{k-1}]}{x_k-x_{k-j}}$$

则牛顿插值多项式为

$$N(x)=f(x_0)+f[x_0,x_1](x-x_0)+f[x_0,x_1,x_2](x-x_0)(x-x_1)$$
$$+\cdots+f[x_0,x_1,\cdots,x_n](x-x_0)(x-x_1)\cdots(x-x_{n-1})$$

应用实例 5.9 已知零阶贝塞尔函数 $f(x)$ 在若干点处的函数值(见表 5-3),采用牛顿插值法计算 $x=1.5$ 处的近似值。

表 5-3　零阶贝塞尔函数在若干点处的函数值

x_i	1	1.3	1.6	1.9	2.2
y_i	0.7651977	0.6200860	0.4554022	0.2818186	0.1103623

程序 5.9

```
function c9( )
% 牛顿插值法
clear all; close all;
x=[1 1.3 1.6 1.9 2.2];
y=[0.7651977 0.6200860 0.4554022 0.2818186 0.1103623];
x0=1.5;
f=newton(x,y,x0);
f=vpa(f,6)
function s=newton(x,y,t)
syms p;
if (length(x)==length(y))
n=length(x);
else
disp('x 和 y 维数不相等');
return
end
s=y(1);
xishu=0;
dxs=1;
for i=1:n-1
for j=i+1:n
xishu(j)=(y(j)-y(i))/(x(j)-x(i));
end
temp1(i)=xishu(i+1);
dxs=dxs*(p-x(i));
s=s+temp1(i)*dxs;
y=xishu;
end
simplify(s);
```

```
if(nargin==2)
s=subs(s,'p','x');
s=collect(s);
else
m=length(t);
for i=1:m
temp(i)=subs(s,'p',t(i));
end
s=temp;
end
return
```

在 Matlab 命令窗口输入

```
>> c9
```

回车得到

```
f=
    0.51182
```

本例中, $x=1.5$ 处的理论值为 0.511828, 牛顿插值函数的精度还是比较高的。

5.4.2　利用差分的牛顿插值法

在实际应用中, 经常遇到插值节点为等间距的情形, 此时牛顿插值公式可以进一步简化。

假设函数 $y=f(x)$ 在等间距节点 $x_k=x_0+kh(k=0,1,\cdots,n)$ 上的函数值为 $f_k=f(x_k)(k=0,1,\cdots,n)$, 其中 h 为常数, 称为步长, 则

$$\Delta^n f(x_k)=\Delta^{n-1} f(x_{k+1})-\Delta^{n-1} f(x_k)$$

称为函数 $f(x)$ 在 x_k 处以 h 为步长的 n 阶向前差分公式;

$$\nabla^n f(x_k)=\nabla^{n-1} f(x_k)-\nabla^{n-1} f(x_{k-1})$$

称为函数 $f(x)$ 在 x_k 处以 h 为步长的 n 阶向后差分公式;

$$\delta^n f(x_k)=\delta^{n-1} f(x_{k+1/2})-\delta^{n-1} f(x_{k-1/2})$$

称为函数 $f(x)$ 在 x_k 处以 h 为步长的 n 阶中心差分公式, 其中

$$\Delta^0 f(x_k)=\nabla^0 f(x_k)=\delta^0 f(x_k)=f(x_k)$$

注: 在计算中心差分时需要用到 $f(x_{k+1/2})$ 与 $f(x_{k-1/2})$, 但这两个函数在给定的函数表中一般不会给出(函数表只给出了 $f(x_k)$)。因此, 如果需要用到中心差

分,则一阶中心差分应写为 $\delta f(x_{k+1/2}) = f(x_{k+1}) - f(x_k)$,以此类推。

1. 牛顿向前插值法

牛顿向前插值多项式为

$$N(x) = N(x_0 + th) = f(x_0) + \binom{t}{1}\Delta f(x_0) + \binom{t}{2}\Delta^2 f(x_0) + \cdots + \binom{t}{n}\Delta^n f(x_0)$$

其中,h 为步长,$0 \leqslant t \leqslant n$。

2. 牛顿向后插值法

牛顿向后插值多项式为

$$N(x) = N(x_0 + th) = f(x_n) + \binom{t}{1}\nabla f(x_n) + \binom{t}{2}\nabla^2 f(x_n) + \cdots + \binom{t}{n}\nabla^n f(x_n)$$

其中,h 为步长,$-n \leqslant t \leqslant 0$。

应用实例 5.10　求出表 5-4 中观测数据的牛顿向前和向后差分多项式,并计算 $x = 1.55$ 处的近似值。

表 5-4　某实验中得到的观测数据

x_i	1	1.2	1.4	1.6	1.8
y_i	0.8415	0.9320	0.9854	0.9996	0.9738

程序 5.10

```
function c10( )
% 牛顿向前、向后插值多项式
clear all; close all;
x=1:0.2:1.8;
y=[0.8415 0.9320 0.9854 0.9996 0.9738];
x0=1.55;
f1=newtonforward(x,y,x0);
f2=newtonbackward(x,y,x0);
f1=vpa(f1,6)
f2=vpa(f2,6)
function f=newtonforward(x,y,x0)
syms t;
if (length(x)==length(y))
n=length(x);
c(1:n)=0.0;
else
```

```
disp('x 和 y 维数不相等');
return
end
f=y(1);
y1=0;
xx=x(1):x(2)-x(1):x(n);
if(xx~ =x)
disp('插值节点不是等间距的');
return
end
for i=1:n-1
for j=1:n-i
y1(j)=y(j+1)-y(j);
end
c(i)=y1(1);
l=t;
for k=1:i-1
l=l*(t-k);
end
f=f+c(i)*l/factorial(i);
simplify(f);
y=y1;
if(i==n-1)
if nargin==3
f=subs(f,'t',(x0-x(1))/(x(2)-x(1)));
else
f=collect(f);
end
end
end
return
function f=newtonbackward(x,y,x0)
syms t;
if (length(x)==length(y))
n=length(x);
```

```
c(1:n)=0.0;
else
disp('x 和 y 维数不相等');
return
end
f=y(n);
y1=0;
xx=x(1):x(2)-x(1):x(n);
if(xx~ =x)
disp('插值节点不是等间距的');
return
end
for i=1:n-1
for j=i+1:n
y1(j)=y(j)-y(j-1);
end
c(i)=y1(n);
l=t;
for k=1:i-1
l=l*(t+k);
end
f=f+c(i)*l/factorial(i);
simplify(f);
y=y1;
if(i==n-1)
if nargin==3
f=subs(f,'t',(x(n)-x0)/(x(2)-x(1)));
else
f=collect(f);
end
end
end
end
return
```

在 Matlab 命令窗口输入

```
>> c10
```

回车得到

```
f1=
    0.999791
f2=
    0.886185
```

5.5　埃尔米特插值法

在不少实际的插值问题中,不但要求插值多项式在 $n+1$ 个互异节点上的函数值相等,还要求在这些节点上的各阶导数值相等,即要求插值多项式满足

$$P^{(k)}(x_i) = f^{(k)}(x_i), \quad i=0,1,\cdots,n, \quad k=0,1,\cdots,m$$

这就是埃尔米特插值问题。

埃尔米特插值函数不仅在插值节点上满足给定的函数值,而且在插值节点上的插值函数的导数值等于给定函数的导数值。对于有高阶导数的情况,埃尔米特插值多项式比较复杂,本书只讨论插值函数在插值节点上的函数值等于给定函数值,并且插值函数在插值节点上的一阶导数值也等于给定函数的一阶导数值的特殊情况。

设函数 $f(x)$ 在区间 $[a,b]$ 上连续可导,$x_0,x_1,\cdots,x_n$ 是区间 $[a,b]$ 上互异的点,那么存在唯一的多项式 $H_{2n+1}(x)$,它在点 $x_0,x_1,\cdots,x_n$ 上的值与 $f(x)$ 的值相等,且 $H_{2n+1}(x)$ 在点 $x_0,x_1,\cdots,x_n$ 上的一阶导数值与 $f(x)$ 的一阶导数值相等。$H_{2n+1}(x)$ 的表达式为

$$H_{2n+1}(x) = \sum_{i=0}^{n} f(x_i)[1-2(x-x_i)l_i'(x_i)]l_i^2(x) + \sum_{i=0}^{n} f'(x_i)(x-x_i)l_i^2(x)$$

其中

$$l_i(x) = \prod_{\substack{j=0 \\ j \neq i}}^{n} \frac{x-x_i}{x_i-x_j}, \quad i=0,1,\cdots,n$$

$$l_i'(x) = \prod_{\substack{j=0 \\ j \neq i}}^{n} \frac{1}{x_i-x_j}, \quad i=0,1,\cdots,n$$

这就是埃尔米特插值公式。

应用实例 5.11　求出表 5-5 中观测数据的埃尔米特插值多项式,并计算在 $x=2.4$ 处的近似值。

表 5-5　某实验中得到的观测数据

x_i	1	3	−8	6	−4
y_i	1	9	64	36	16
y_i'	2	6	−16	12	−8

程序 5.11

```
function c11( )
% 埃尔米特插值多项式
clear all; close all;
syms x;
y=x^2;
x1=[1 3 -8 6 -4];
x0=2.4;
yx=subs(y,x1);
dy=diff(y);
dx=subs(dy,x1);
f=herm(x1,yx,dx,x0);
f=vpa(f,6)
function f=herm(x,y,dy,x0)
syms s;
f=0.0;
if (length(x)==length(y))
n=length(x);
else
disp('x 和 y 维数不相等');
return
end
for i=1:n
la=1;
lp=0.0;
for j=1:n
if(j~ =i)
la=la*(s-x(j))/(x(i)-x(j));
lp=lp+1/(x(i)-x(j));
```

```
end
end
temp1=1-2*(s-x(i))*lp;
temp2=y(i)*temp1*la^2;
temp3=dy(i)*(s-x(i))*la^2;
f=f+temp2+temp3;
end
f=simplify(f);
if nargin==3
f=subs(f,s,'x');
else
f=subs(f,s,x0);
end
return
```

在 Matlab 命令窗口输入

```
>> c11
```

回车得到

```
f=
5.76
```

显然,表中给定的观测数据符合函数 $f(x)=x^2$ 及其一阶导数值,埃尔米特插值多项式在 $x=2.4$ 的计算结果跟精确值相同。由此可见,埃尔米特插值多项式的效果不错。

5.6　插值中的龙格现象

在插值过程中,当插值节点数 n 增加时,函数与插值多项式的误差是否会趋于 0? 换言之,如果采用普通的插值方法,是否插值多项式的阶数越高,插值效果越好? 对于类似于 $y=\sin x$ 或 $y=e^x$ 的函数,所有的导数都具有相同的常数界,答案是肯定的。但是对于某些函数,如函数 $y=1/(1+cx^2)$(其中 c 为常数),答案却是不一定。比如,在区间$[-5,5]$上以 1 为间隔取等间距插值节点,采用拉格朗日插值法,插值结果的表现为在区间中部,插值函数值与 10 阶多项式比较接近,而在靠近端点处,则误差非常大,这种现象称为龙格现象。

应用实例 5.12　在区间$[-5,5]$上以 1 为间隔取等间距插值节点,对函数 $y=$

$1/(1+x^2)$进行拉格朗日插值，并比较拉格朗日插值多项式的效果。

程序 5.12

```
function c12( )
% 插值中的龙格现象
clear all; close all;
syms x;
y=1/(1+x^2);
x=-5:5;
f=subs(y,x);
chazhi=newton(x,f);
v=[-5, 5, -0.5, 2];
ezplot(chazhi),axis(v),grid
hold on
t=-5:0.5:5;
ft=subs(y,t);
plot(x,f,t,ft,'-*')
legend('原函数','插值效果')
function s=newton(x,y,t)
syms p;
if (length(x)==length(y))
n=length(x);
else
disp('x 和 y 维数不相等');
return
end
s=y(1);
xishu=0;
dxs=1;
for i=1:n-1
for j=i+1:n
xishu(j)=(y(j)-y(i))/(x(j)-x(i));
end
temp1(i)=xishu(i+1);
dxs=dxs*(p-x(i));
```

```
s=s+temp1(i)*dxs;
y=xishu;
end
simplify(s);
if(nargin==2)
s=subs(s,'p','x');
s=collect(s);
else
m=length(t);
for i=1:m
temp(i)=subs(s,'p',t(i));
end
s=temp;
end
return
```

在 Matlab 命令窗口输入

```
>> c12
```

回车得到具有龙格现象的图形,如图 5-6 所示。

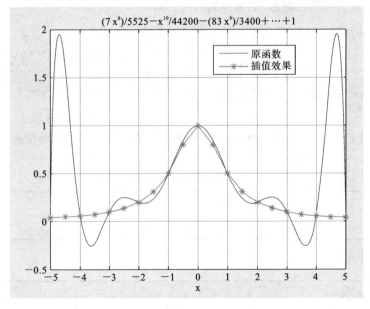

图 5-6　插值中的龙格现象

　　在实际应用中,很少采用高阶的插值方法。从图 5-6 可以明显看出,当插值节点位于区间中间位置时,插值误差相对来说较小,但是靠近两端点处的插值误差非常大。这说明 n 取很大值未必能保证插值多项式有很好的插值效果。对于插值中的龙格现象,一般可以采用分段插值的方法来解决。

5.7　有理分式插值法

　　有理分式插值法就是寻找形如

$$R_{m,n}(x) = \frac{a_0 + a_1 x + \cdots + a_m x^m}{b_0 + b_1 x + \cdots + b_n x^n}$$

的有理分式,使得

$$R_{m,n}(x_i) = f(x_i)$$

　　在已知 $f(x_i)$ 的情况下,可以通过两种算法得到 $R_{m,n}(x_i)$。下面介绍一种倒差商-连分式的有理分式插值算法。

　　定义一阶倒差商如下:

$$f[x_0, x_m]^{-1} = \frac{x_m - x_0}{f(x_m) - f(x_0)}$$

k 阶倒差商为

$$f[x_0, x_1, \cdots, x_{k-1}, x_m]^{-1} = \frac{x_m - x_{k-1}}{f[x_0, x_1, \cdots, x_{k-2}, x_m] - [x_0, x_1, \cdots, x_{k-2}, x_{k-1}]}$$

显然,倒差商为均差的倒数,则最终的插值公式为

$$R_{m,n}(x) = f(x_0) + \cfrac{x - x_0}{f[x_0, x_1]^{-1} + \cfrac{x - x_1}{f[x_0, x_1, x_2]^{-1} + x - x_2}{\cfrac{\ddots}{\cfrac{x - x_{n-1}}{f[x_0, x_1, \cdots, x_n]^{-1}}}}}$$

　　应用实例 5.13　采用有理分式的倒差商形式对表 5-6 中的数据进行插值,并计算 $x = 1.4641$ 处的 y 值。

表 5-6　某实验中得到的观测数据

x_i	1	1.44	1.69	1.96	2.25
y_i	1	1.2	1.3	1.4	1.5

程序 5.13

```
function c13( )
% 有理分式的倒差商插值
```

```
clear all; close all;
x=[1 1.44 1.69 1.96 2.25];
y=[1 1.2 1.3 1.4 1.5];
x0=1.4641;
f=dcs(x,y)
f=dcs(x,y,x0);
f=vpa(f,6)
function f=dcs(x,y,x0)
syms t;
if (length(x)==length(y))
n=length(x);
c(1:n)=0.0;
else
disp('x 和 y 维数不相等');
return
end
c(1)=y(1);
for i=1:n-1
for j=i+1:n
y1(j)=(x(j)-x(i))/(y(j)-y(i));
end
c(i+1)=y1(i+1);
y=y1;
end
f=c(n);
for i=1:n-1
f=c(n-i)+(t-x(n-i))/f;
f=vpa(f,6);
if i==n-1
if(nargin==3)
f=subs(f,'t',x0);
else
f=vpa(f,6);
end
end
```

```
end
return
```

在 Matlab 命令窗口输入

`>> c13`

回车得到

f=

(t-1.0)/((t-1.44)/((t-1.69)/(0.344828*t+2.02414)+2.5)+2.2)+1.0

f=

　　1.21

表格中的数据是按照函数 $y=\sqrt{x}$ 给的，从计算结果看，插值效果比较好。

本 章 小 结

插值是数据处理的一种重要手段，是来源于实际又应用于实际的重要计算方法。本章首先介绍了 Matlab 中提供的插值函数，然后详细介绍了 Matlab 中常用的插值方法，包括拉格朗日插值法、艾特肯逐步插值法、牛顿插值法（包括不等间距牛顿插值法以及等间距牛顿插值法）、埃尔米特插值法、有理分式插值法。

第 6 章　函数逼近与曲线拟合

　　第 5 章讨论的插值问题,是用一个多项式来近似代替解析函数或列表观测数据,并要求插值多项式在插值节点等于给定的函数值。而在实际应用中,还经常遇到这样的问题:为比较复杂的解析函数寻找一个多项式来近似代替,并要求其误差在某种度量意义下最小。这就是函数逼近问题。另外,在插值中,要求插值多项式通过给定的数据点。实际上,这些所谓的给定数据点本身就是有误差的,即使插值多项式通过给定的数据点,在这些给定数据点上的误差很小,但在其他点上的误差可能很大,这是插值问题的缺点。所以在实际应用中,往往并不需要插值多项式通过给定的数据点,而只要求在用插值多项式近似代替给定函数时,其误差在某种度量意义下最小。这就是曲线拟合问题。

　　本章主要介绍函数逼近和曲线拟合的概念和算法。函数逼近和曲线拟合的含义是按照一定的准则,用简单的连续函数(或分段函数)来逼近较为复杂的函数(或是一组离散点)。值得注意的是,和插值问题不同,逼近与拟合并不要求逼近函数在已知点上的函数值一定等于解析函数的函数值,而是按照某种标准使得两者的误差达到最小即可。

6.1　函　数　逼　近

　　设 $f(x)$ 是定义在区间 $[a,b]$ 上的函数,寻求另一个构造简单、计算量小的函数 $\phi(x)$ 来近似代替 $f(x)$ 的问题就是函数逼近问题。通常会取一些线性无关的函数系来达到函数逼近的目的。

　　对于一组给定的线性无关函数 $\{\phi_j(x)\}_{j=0}^n$,求函数

$$\phi^*(x) = \sum_{j=0}^n c_j^* \phi_j(x) \in \Phi = \mathrm{span}\{\phi_0(x), \phi_1(x), \cdots, \phi_n(x)\}$$

其中,$c_j^*(j=0,1,\cdots,n)$ 为待定系数,使得

$$|f(x) - \phi^*(x)| = \min_{\phi(x) \in \Phi} \max_{a \leqslant x \leqslant b} |f(x) - \phi(x)|$$

称为最佳一致逼近。

　　使得

$$\int_a^b |f(x) - \phi^*(x)|^2 W(x)\mathrm{d}x = \min_{\phi(x) \in \Phi} \int_a^b |f(x) - \phi(x)|^2 W(x)\mathrm{d}x$$

称为关于权函数 $W(x)$ 的最佳平方逼近。

在上述逼近中,如果线性无关函数 $\{\phi_j(x)\}_{j=0}^n$ 取为 $\{x^j\}_{j=0}^n$,则称 $\phi^*(x)$ 为最佳一致逼近多项式或最佳平方逼近多项式。

6.2　几类正交多项式

应用实例 6.1　用 Matlab 算出第一类切比雪夫多项式和第二类切比雪夫多项式的表达式,然后分别绘出前六个多项式函数的图像,其中第一类切比雪夫多项式满足以下递推关系:

$$\begin{cases} T_{n+1}(x) = 2xT_n(x) - T_{n-1}(x) \\ T_1(x) = x \\ T_0(x) = 1 \end{cases}$$

第二类切比雪夫多项式满足以下递推关系:

$$\begin{cases} U_{n+1}(x) = 2xU_n(x) - U_{n-1}(x) \\ U_1(x) = 2x \\ U_0(x) = 1 \end{cases}$$

程序 6.1

```
function c1( )
clear all; close all;
syms x;
n=5;
% 第一类切比雪夫多项式递推函数
T1(1:n+1)=x;
T1(1)=1;
T1(2)=x;
% 计算一般项
for i=3:n+1
T1(i)=2*x*T1(i-1)-T1(i-2);
end
T1=simplify(T1);
% 给出从 0 阶直到 n 阶的第一类切比雪夫多项式
disp('第一类切比雪夫多项式为:')
for i=1:n+1
disp(T1(i))
end
% 第二类切比雪夫多项式递推函数
```

```
T2(1:n+1)=x;
T2(1)=1;
T2(2)=2*x;
% 计算一般项
for i=3:n+1
T2(i)=2*x*T2(i-1)-T2(i-2);
end
T2=simplify(T2);
% 给出从 0 阶直到 n 阶的第二类切比雪夫多项式
disp('第二类切比雪夫多项式为:')
for i=1:n+1
disp(T2(i))
end
v=[-1,1,-1,1];
subplot(3,2,1),ezplot(T1(1)),axis([-1,1,-0.5,1.5]),grid
subplot(3,2,2),ezplot(T1(2)),axis(v),grid
subplot(3,2,3),ezplot(T1(3)),axis(v),grid
subplot(3,2,4),ezplot(T1(4)),axis(v),grid
subplot(3,2,5),ezplot(T1(5)),axis(v),grid
subplot(3,2,6),ezplot(T1(6)),axis(v),grid
figure
v=[-1,1,-3,3];
subplot(3,2,1),ezplot(T2(1)),axis([-1,1,-0.5,1.5]),grid
subplot(3,2,2),ezplot(T2(2)),axis(v),grid
subplot(3,2,3),ezplot(T2(3)),axis(v),grid
subplot(3,2,4),ezplot(T2(4)),axis(v),grid
subplot(3,2,5),ezplot(T2(5)),axis(v),grid
subplot(3,2,6),ezplot(T2(6)),axis(v),grid
```

在 Matlab 命令窗口输入

```
>> c1
```

回车得到

第一类切比雪夫多项式为:
```
1
x
2*x^2-1
```

x*(4*x^2-3)

8*x^4-8*x^2+1

x*(16*x^4-20*x^2+5)

第二类切比雪夫多项式为:

1

2*x

4*x^2-1

4*x*(2*x^2-1)

16*x^4-12*x^2+1

2*x*(16*x^4-16*x^2+3)

前六个第一类切比雪夫多项式的图像如图 6-1 所示,第二类切比雪夫多项式的图像如图 6-2 所示。

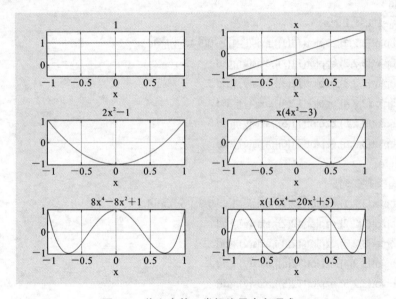

图 6-1 前六个第一类切比雪夫多项式

应用实例 6.2 用 Matlab 算出勒让德多项式、拉盖尔多项式和埃尔米特多项式的表达式,然后分别绘出前六个多项式函数的图像,其中勒让德多项式满足以下递推关系:

$$\begin{cases} P_{n+1}(x) = \dfrac{2n+1}{n+1} x P_n(x) - \dfrac{n}{n+1} P_{n-1}(x) \\ P_1(x) = x \\ P_0(x) = 1 \end{cases}$$

拉盖尔多项式满足以下递推关系:

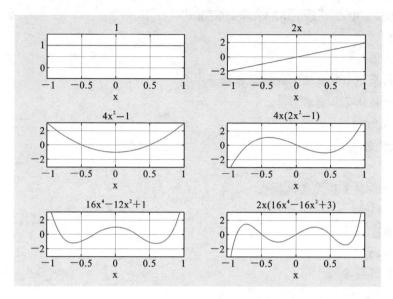

图 6-2　前六个第二类切比雪夫多项式

$$\begin{cases} L_{n+1}(x) = (1+2n-x)L_n(x) - n^2 L_{n-1}(x) \\ L_1(x) = 1 - x \\ L_0(x) = 1 \end{cases}$$

埃尔米特多项式满足以下递推关系：

$$\begin{cases} H_{n+1}(x) = 2xH_n(x) - 2nH_{n-1}(x) \\ H_1(x) = 2x \\ H_0(x) = 1 \end{cases}$$

程序 6.2

```
function c2( )
clear all; close all;
syms x;
n=5;
% 勒让德多项式递推函数
P(1:n+1)=x;
P(1)=1;
P(2)=x;
% 计算一般项
for i=3:n+1
```

```
P(i)=(2*i-3)*x*P(i-1)/(i-1)-(i-2)*P(i-2)/(i-1);
end
P=simplify(P);
% 给出从 0 阶直到 n 阶的勒让德多项式
disp('勒让德多项式为:')
for i=1:n+1
disp(P(i))
end
% 拉盖尔多项式递推函数
L(1:n+1)=x;
L(1)=1;
L(2)=1-x;
% 计算一般项
for i=3:n+1
L(i)=(1+(i-2)*2-x)*L(i-1)-(i-2)^2*L(i-2);
end
L=simplify(L);
% 给出从 0 阶直到 n 阶的拉盖尔多项式
disp('拉盖尔多项式为:')
for i=1:n+1
disp(L(i))
end
% 埃尔米特多项式递推函数
H(1:n+1)=x;
H(1)=1;
H(2)=2*x;
% 计算一般项
for i=3:n+1
H(i)=2*x*H(i-1)-(i-2)*2*H(i-2);
end
H=simplify(H);
% 给出从 0 阶直到 n 阶的埃尔米特多项式
disp('埃尔米特多项式为:')
for i=1:n+1
```

```
disp(H(i))
end
v=[-1,1,-1,1];
subplot(3,2,1),ezplot(P(1)),axis([-1,1,-0.5,1.5]),grid
subplot(3,2,2),ezplot(P(2)),axis(v),grid
subplot(3,2,3),ezplot(P(3)),axis(v),grid
subplot(3,2,4),ezplot(P(4)),axis(v),grid
subplot(3,2,5),ezplot(P(5)),axis(v),grid
subplot(3,2,6),ezplot(P(6)),axis(v),grid
figure(2)
v=[-1,1,-3,3];
subplot(3,2,1),ezplot(L(1)),axis([-1,1,-0.5,1.5]),grid
subplot(3,2,2),ezplot(L(2)),grid
subplot(3,2,3),ezplot(L(3)),grid
subplot(3,2,4),ezplot(L(4)),grid
subplot(3,2,5),ezplot(L(5)),grid
subplot(3,2,6),ezplot(L(6)),grid
figure(3)
v=[-1,1,-3,3];
subplot(3,2,1),ezplot(H(1)),axis([-1,1,-0.5,1.5]),grid
subplot(3,2,2),ezplot(H(2)),grid
subplot(3,2,3),ezplot(H(3)),grid
subplot(3,2,4),ezplot(H(4)),grid
subplot(3,2,5),ezplot(H(5)),grid
subplot(3,2,6),ezplot(H(6)),grid
```

在 Matlab 命令窗口输入

```
>> c2
```

回车得到

勒让德多项式为:

```
1
x
(3*x^2)/2-1/2
```

(x*(5*x^2-3))/2

(35*x^4)/8-(15*x^2)/4+3/8

(x*(63*x^4-70*x^2+15))/8

拉盖尔多项式为：

1

1-x

(x-1)*(x-3)-1

-x^3+9*x^2-18*x+6

x^4-16*x^3+72*x^2-96*x+24

-x^5+25*x^4-200*x^3+600*x^2-600*x+120

埃尔米特多项式为：

1

2*x

4*x^2-2

4*x*(2*x^2-3)

16*x^4-48*x^2+12

8*x*(4*x^4-20*x^2+15)

前六个勒让德多项式的图像如图 6-3 所示，前六个拉盖尔多项式的图像如图 6-4 所示，前六个埃尔米特多项式的图像如图 6-5 所示。

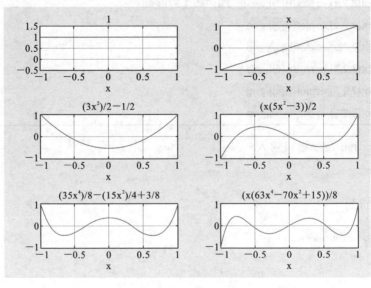

图 6-3　前六个勒让德多项式

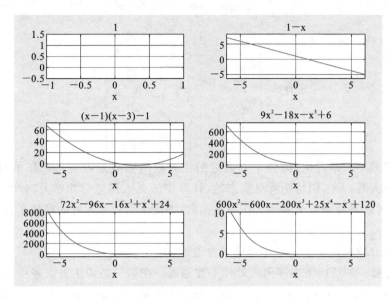

图 6-4　前六个拉盖尔多项式

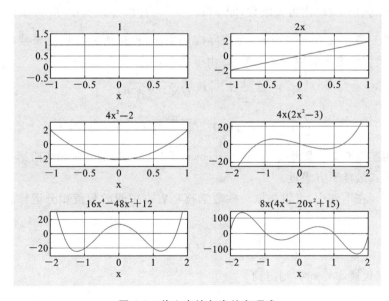

图 6-5　前六个埃尔米特多项式

6.3　正交函数作最佳平方逼近

在最佳平方逼近理论中经常遇到希尔伯特矩阵问题，n 阶希尔伯特矩阵定

义为

$$\boldsymbol{H}_n = \begin{bmatrix} 1 & \dfrac{1}{2} & \cdots & \dfrac{1}{n+1} \\ \dfrac{1}{2} & \dfrac{1}{3} & \cdots & \dfrac{1}{n+2} \\ \vdots & \vdots & & \vdots \\ \dfrac{1}{n+1} & \dfrac{1}{n+2} & \cdots & \dfrac{1}{2n+1} \end{bmatrix}$$

按照最小二乘理论,最佳平方逼近的法方程的系数矩阵就是希尔伯特矩阵。当 n 比较大时,希尔伯特矩阵是病态的,计算中的舍入误差会非常大,计算效果会很差,这时就需要用正交多项式作为基函数,才能求得效果较好的最佳平方逼近多项式。

下面介绍两种正交函数作最佳平方逼近。

(1) 第一类切比雪夫多项式最佳平方逼近。在第一类切比雪夫多项式最佳平方逼近中,权函数 $W(x)$ 为 $1/\sqrt{1-x^2}$。当一个连续函数定义在区间 $[-1,1]$ 时,它可以展开成第一类切比雪夫级数,即 $f(x) = \sum_{n=0}^{\infty} f_n T_n(x)$,其中 f_n 为系数,$T_n(x)$ 为 n 阶第一类切比雪夫多项式。在实际应用中,可根据所需的精度来截取有限项数。第一类切比雪夫级数中的系数 f_n 由下式决定:

$$f_0 = \frac{1}{\pi} \int_{-1}^{1} f(x)/\sqrt{1-x^2}\,\mathrm{d}x$$

$$f_j = \frac{2}{\pi} \int_{-1}^{1} T_j(x) f(x)/\sqrt{1-x^2}\,\mathrm{d}x, \quad j = 1,2,\cdots$$

应用实例 6.3　求函数 $f(x) = \arccos x\,(-1 \leqslant x \leqslant 1)$ 的 5 阶和 7 阶第一类切比雪夫多项式最佳平方逼近。

分析　在本例中,可以采取一些数学技巧省去中间的数值积分运算。比如在计算

$$f_j = 2\int_{-1}^{1} T_j(x) f(x)/\sqrt{1-x^2}\,\mathrm{d}x/\pi$$

时,作变量代换 $x = \cos\theta$,则得到

$$f_j = \int_0^{\pi} f(\cos\theta)\cos(j\theta)\,\mathrm{d}\theta = \int_0^{\pi} \theta\cos(j\theta)\,\mathrm{d}\theta = 2[(-1)^j - 1]/(\pi j^2)$$

程序 6.3

```
function c3( )
clear all; close all;
t=-1:0.01:1;
```

```
f1=myfun(t);
% 画出原函数图像
subplot(1,2,1)
plot(t,f1,'*');
hold on
% 5 阶第一类切比雪夫多项式最佳平方逼近
% 画出逼近图像
f5=chebybj(5);
% 把 pip 换为 pi
f5=subs(f5,'pip',pi);
ezplot(f5),title('5 阶最佳平方逼近'),grid
% 7 阶第一类切比雪夫多项式最佳平方逼近
% 画出逼近图像
subplot(1,2,2)
plot(t,f1,'*');
hold on
f7=chebybj(7);
% 把 pip 换为 pi
f7=subs(f7,'pip',pi);
ezplot(f7),title('7 阶最佳平方逼近'),grid
% 第一类切比雪夫多项式最佳平方逼近
function f=chebybj(n)
% 定义符号变量
syms x pip
% 计算系数
for i=2:n+1
a(i)=((-1)^i-1)*2/pip/i^2;
end
% 组成新向量,下标从 1 开始
a=[pip,-4/pip, a(2:n)];
% 调用第一类切比雪夫多项式
che=cheby(x,n);
f=a(1)/2;
for i=2:n+1
f=f+a(i)*che(i);
```

```
end
% 化简
f=simplify(f);
return
% 第一类切比雪夫多项式递推函数
function T1=cheby(x,n)
T1(1:n+1)=x;
T1(1)=1;
T1(2)=x;
% 计算一般项
for i=3:n+1
T1(i)=2*x*T1(i-1)-T1(i-2);
end
T1=simplify(T1);
% 给出从 0 阶直到 n 阶的第一类切比雪夫多项式
return
function f=myfun(x)
f=acos(x);
return
```

在 Matlab 命令窗口输入

```
>> c3
```

回车得到

```
f5=
    -(1152*x^5-640*x^3+1560*x-225*pi^2)/(450*pi)
f7=
    -(115200*x^7-145152*x^5+69440*x^3+63840*x-11025*pi^2)/(22050*pi)
```

　　第一类切比雪夫多项式最佳平方逼近如图 6-6 所示。逼近区间为[−1,1]。如果直接在区间[−1,1]上画出原函数与最佳平方逼近函数,两条线几乎重复,难以分辨。为了更清楚地看出逼近效果,这里给出了更大区间上的函数图像。对逼近区间上的一段使用∧代替点作出图形(因为图形取点太密集,图形上单个∧看不出来),可以看到逼近段的逼近效果还是不错的,而且逼近的函数图像覆盖了原来的函数图像。第一幅子图给出的是 5 阶最佳平方逼近图形,第二幅子图给出的是 7 阶最佳平方逼近图形。对于逼近函数图形,在实验里采取的是符号作图方法,而原来的函数使用的是散点作图方法。粗线段部分,实际上是原函数的离散点密集情况,可以看出逼近效果已经很不错。

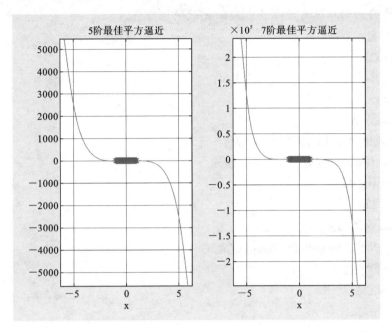

图 6-6 第一类切比雪夫多项式最佳平方逼近

应用实例 6.4 用第一类切比雪夫多项式(取 5 项)逼近函数 $f(x)=1/(2-x)$,并求当 $x=0.5$ 时的逼近函数值。

程序 6.4

```
function c4( )
clear all; close all;
syms x;
y=@(x) 1/(2-x);
n=5;
disp('逼近多项式为:')
f=chebybj(y,n)
disp('逼近多项式在 0.5 的点值为:')
f=chebybj(y,n,0.5)
% 用第一类切比雪夫多项式逼近已知函数
function f=chebybj(y,n,x0)
% 已知函数: y
```

```
% 逼近已知函数所需项数: n
% 逼近点 x 的坐标: x0
% 求得的切比雪夫逼近多项式在 x0 处的逼近值: f
syms x;
T(1:n+1)=x;
T(1)=1;
T(2)=x;
c(1:n+1)=0.0;
c(1)=int(y*T(1)/sqrt(1-x^2),x,-1,1)/pi;
c(2)=2*int(y*T(2)/sqrt(1-x^2),x,-1,1)/pi;
f=c(1)+c(2)*x;
for i=3:n+1
T(i)=2*x*T(i-1)-T(i-2);
c(i)=2*int(y*T(i)/sqrt(1-x^2),x,-1,1)/pi;
f=f+c(i)*T(i);
f=vpa(f,6);
if(i==n+1)
if(nargin==3)
f=subs(f,'x',x0);
else
f=vpa(f,6);
end
end
end
return
```

在 Matlab 命令窗口输入

```
>> c4
```

回车得到

逼近多项式为:

f=
> 0.288782*x+0.0412382*x*(2.0*x^2-1.0)-0.00318979*x*(2.0*x^2+2.0*x*(x-2.0*x*(2.0*x^2-1.0))-1.0)+0.153903*x^2-0.0119044*x*(x-2.0*x*(2.0*x^2-1.0))+0.500399

逼近多项式在 0.5 的点值为:

f=

   0.66620626063178411328628836240995

事实上,函数的准确值为 $f(0.5)=1/(2-0.5)=0.6667$,逼近结果非常接近准确值。

(2) 勒让德最佳平方逼近。在勒让德最佳平方逼近中,权函数 $W(x)$ 为 1。当一个连续函数定义在区间 $[-1,1]$ 时,它可以展开成勒让德级数,即 $f(x)=\sum_{n=0}^{\infty}f_nP_n(x)$,其中 f_n 为系数,$P_n(x)$ 为 n 次勒让德多项式。在实际应用中,可根据所需的精度来截取有限项数。勒让德级数中的系数由下式决定:

$$f_j=\frac{(j+1)\int_{-1}^{1}P_j(x)f(x)\mathrm{d}x}{2}$$

应用实例 6.5　求函数 $f(x)=\mathrm{e}^x(-1\leqslant x\leqslant1)$ 的 3 阶勒让德多项式最佳平方逼近。

程序 6.5

```
function c5( )
clear all; close all;
f=@ (x) exp(x);
px=legbj(f,3)
ezplot(px),grid
hold on
% 画出原函数图像
t=-1:0.01:1;
y=f(t);
plot(t,y,'*');
% 勒让德多项式最佳平方逼近
% 系数采用符号积分方法
function pf=legbj(f,n)
% 定义符号变量
syms x
% 调用勒让德多项式
f1=leg(x,n);
% 计算系数
for i=1:n+1
g(i)=f1(i)*f;
```

```
temp(i)=int(g(i),-1,1);
a(i)=(2*i-1)*temp(i)/2;
end
% 累计各系数与勒让德多项式乘积
pf=0;
for i=1:n+1
pf=pf+a(i)*f1(i);
end
% 化简
pf=simplify(pf);
% 取前 8 位有效数字
pf=vpa(pf,8);
return
% 勒让德多项式递推函数
function P=leg(x,n)
P(1:n+1)=x;
P(1)=1;
P(2)=x;
% 计算一般项
for i=3:n+1
P(i)=(2*i-3)*x*P(i-1)/(i-1)-(i-2)*P(i-2)/(i-1);
end
P=simplify(P);
% 给出从 0 阶直到 n 阶的勒让德多项式
return
```

在 Matlab 命令窗口输入

```
>> c5
```

回车得到

```
px=
```

```
1.1036383*x+0.035227817*x*(5.0*x^2-3.0)+0.53672153*x^2+0.99629402
```

如果逼近函数采用勒让德多项式表示的方法,逼近结果为

$$P(x)=7.152P_0(x)+1.1036P_1(x)+0.3578P_2(x)+0.07046P_3(x)$$

勒让德多项式最佳平方逼近如图 6-7 所示。逼近区间为 $[-1,1]$,同第一类切

比雪夫多项式最佳平方逼近一样,如果直接在区间[−1,1]上画出原函数与逼近函数,两条线几乎重复,难以分辨。为了更清楚地看出效果,这里给出了更大区间上的函数图像,对逼近区间上的一段使用∧代替点作出图形,可以看到在逼近区间的逼近效果还是很不错的,而且逼近的函数图像覆盖了原函数图像。

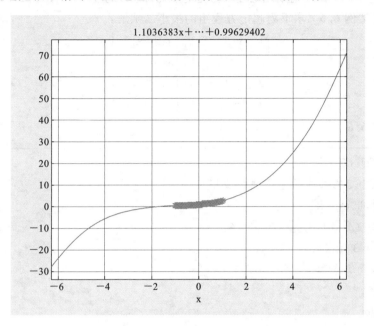

图 6-7　勒让德多项式最佳平方逼近

6.4　曲 线 拟 合

如果函数 $f(x)$ 的表达式未知,只知道描述 $f(x)$ 的一组观测数据,要得到描述 $f(x)$ 的一条曲线,这就是曲线拟合问题。由于最小二乘法简单、实用,因此它在许多领域中有着广泛的应用。

线性方程组

$$A_{m \times n} x_{n \times 1} = b_{m \times 1}$$

有解的充要条件是方程组的系数矩阵的秩与增广矩阵的秩相同,即

$$\mathrm{rank}(A) = \mathrm{rank}([A, b])$$

但有时候方程组不满足上述条件,这样的方程组称为矛盾方程组。

如果存在向量 x_s,使得

$$f(x_s) = \min\{\parallel Ax - b \parallel_2\}$$

则 x_s 为线性方程组 $Ax = b$ 的最小二乘解。x_s 是最小二乘解的充要条件是 x_s 为线

性方程组

$$A^{\mathrm{T}}Ax = A^{\mathrm{T}}b$$

的解。方程组 $A^{\mathrm{T}}Ax = A^{\mathrm{T}}b$ 称为原方程的法方程,此方程组为一般的线性方程组。事实上,在 Matlab 中,对于超定方程与适定方程,都可以直接使用'\'方法计算。

应用实例 6.6　求下列超定方程组的最小二乘解:

$$\begin{bmatrix} 1 & -2 & 1 \\ 0 & 1 & -1 \\ 2 & -4 & 3 \\ 4 & -7 & 4 \end{bmatrix} \begin{bmatrix} x_1 \\ x_2 \\ x_3 \\ x_4 \end{bmatrix} = \begin{bmatrix} -4 \\ 3 \\ 1 \\ -6 \end{bmatrix}$$

程序 6.6

```
function c6( )
% 最小二乘法求解超定线性方程组
clear all; close all;
a=[1 -2 1; 0 1 -1; 2 -4 3; 4 -7 4];
b=[-4; 3; 1;-6];
% 形成法方程
A=a'*a;
B=a'*b;
% 求解法方程
disp('最小二乘解为:')
x1=A\B
% 直接采用 Matlab 中的'\'方法计算
disp('直接采用 Matlab 中的'\'方法计算的解为:')
x2=a\b
```

在 Matlab 命令窗口输入

```
>> c6
```

回车得到

```
最小二乘解为:
x1=
    10.7143
    12.5714
     9.8571
```

直接采用 Matlab 中的'\' 方法计算的解为：

x2=

　　10.7143

　　12.5714

　　9.8571

由上述计算结果可知,形成法方程后计算适定线性方程组和直接采用 Matlab 中的'\'方法计算,结果是一致的。实际上,在 Matlab 中对于超定方程使用'\'方法给出的解就是最小二乘解。

另外,Matlab 提供了一种快速实现多项式拟合的方法,即 polyfit 函数。与插值方法不同的是,多项式拟合不要求所有样本数据全部落在拟合曲线上,而是要求整体的拟合误差达到最小。

在 Matlab 中,polyfit 函数的基本用法为：$P = polyfit(X, Y, n)$,表示用 n 次多项式拟合数据点 (x_i, y_i) $(i = 1, 2, \cdots, N)$,其中,X 为实验数据点 x 的坐标向量,Y 为实验数据点 y 的坐标向量,n 为拟合的多项式的项数。如果要查看拟合后的多项式表达式,可以使用符号工具箱中的 poly2sym 函数,这时多项式按照幂次的高低排列。使用 polyval 函数可以直接计算出拟合多项式的值。

应用实例 6.7　对于函数 $f(x) = \sin x + x$,在区间 $[-3, 3]$ 上以 0.5 为间隔取离散点列,计算出函数值,然后用这两组数据采用三次多项式拟合,并绘制出拟合效果图像。

程序 6.7

```
function c7( )
% 多项式拟合
clear all; close all;
x=-3:0.5:3;
y=sin(x)+x;
% 进行数据拟合
p3=polyfit(x,y,3);
% 给出拟合表达式
vpa(poly2sym(p3),10)
x1=-3:0.1:3; % 采样点
y1=polyval(p3,x1); % 计算采样点的拟合结果
plot(x,y,'-r*',x1,y1,'-b.'),grid
legend('离散点','曲线拟合点')
```

在 Matlab 命令窗口输入

`>> c7`

回车得到

`ans=`

`-0.09180150775*x^3-7.411111436e-17*x^2+1.851366521*x+2.468884041e-16`

可以看到,三次多项式的拟合函数为

$$\phi(x) = -0.09180150775x^3 - 7.411111436 \times 10^{-17} x^2 + 1.851366521x$$
$$+ 2.468884041 \times 10^{-16}$$

图 6-8 给出了拟合函数与原函数在离散点列的图像。

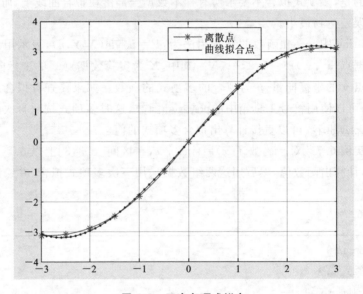

图 6-8　三次多项式拟合

对给定的实验数据点 (x_i, y_i) $(i = 0, 1, \cdots, N)$,采用一组线性无关函数 $\{\phi_j(x)\}_{j=0}^{n}$,求

$$\phi^*(x) = \sum_{j=0}^{n} a_j^* \phi_j(x)$$

其中,a_j^* $(j = 0, 1, \cdots, n)$ 为待定系数。最小二乘拟合就是求系数 a_j^* $(j = 0, 1, \cdots, n)$,使得误差

$$E = \sum_{i=0}^{N} \Big[\sum_{j=0}^{n} a_j^* \phi_j(x_i) - y_i \Big]^2$$

取极小值。根据多元函数极值问题,E 取极值的必要条件是

$$\frac{\partial E(a_0^*, \cdots, a_n^*)}{\partial a_j^*} = 0, \quad j = 0, 1, \cdots, n$$

设

$$
a = \begin{bmatrix} a_0 \\ a_1 \\ \vdots \\ a_n \end{bmatrix}, \quad y = \begin{bmatrix} y_0 \\ y_1 \\ \vdots \\ y_N \end{bmatrix}
$$

以及 $A = [a_{ij}]_{(N+1)\times(n+1)}$，$a_{ij} = \varphi_j(x_i)$，则

$$
E = \| Aa - y \|_2^2
$$

这样最小二乘拟合问题就转化为超定线性方程组

$$
Aa = y
$$

的最小二乘问题。

　　若在上述最小二乘拟合过程中，线性无关函数 $\{\phi_j(x)\}_{j=0}^n$ 取成以多项式为基函数的线性无关函数 $\{x^j\}_{j=0}^m$，则可构造 m 次拟合多项式：

$$
p(x) = a_0 + a_1 x + \cdots + a_m x^m, \quad m < N
$$

根据曲线拟合的定义，$p(x)$ 应使下式取得极小值：

$$
E = \sum_{i=0}^{N} \left(\sum_{j=0}^{m} a_j x_i^j - y_i \right)^2
$$

通过简单的运算可得出待求系数 $\{a_j\}_{j=0}^m$ 是下列线性方程组的解：

$$
\begin{bmatrix} c_0 & c_1 & \cdots & c_m \\ c_1 & c_2 & \cdots & c_{m+1} \\ \vdots & \vdots & & \vdots \\ c_m & c_{m+1} & \cdots & c_{2m} \end{bmatrix} \begin{bmatrix} a_0 \\ a_1 \\ \vdots \\ a_m \end{bmatrix} = \begin{bmatrix} b_0 \\ b_1 \\ \vdots \\ b_m \end{bmatrix}
$$

其中

$$
\begin{cases} c_k = \displaystyle\sum_{i=0}^{N} x_i^k, & k = 0,1,\cdots,2m \\[2mm] b_l = \displaystyle\sum_{i=0}^{N} y_i x_i^l, & l = 0,1,\cdots,m \end{cases}
$$

　　应用实例 6.8　求表 6-1 中所列数据点的三次多项式最小二乘拟合函数，拟合函数形式为 $p(x) = a_0 + a_1 x + a_2 x^2$。

表 6-1　某实验得到的观测数据

x	-3	-2	-1	0	1	2	3
y	4	2	3	0	-1	-2	-5

程序 6.8

```
function c8( )
% 多项式最小二乘拟合
```

```
clear all; close all;
x=-3:1:3;
x=x';
y=[4 2 3 0 -1 -2 -5]';
% c 为待定系数向量,即拟合基函数系数
% 形成线性方程组的系数矩阵
a=[nhbx(x(1)); nhbx(x(2)); nhbx(x(3)); nhbx(x(4)); nhbx(x(5)); nhbx(x(6)); nhbx(x(7))];
b=y;
% 法方程
A=a'*a;
B=a'*b;
c=A\B;
% 作出原离散数据与拟合函数图像
x1=-3:0.1:3;x1=x1';
y1=c(1)*1+c(2)*x1+c(3)*x1.^2;
plot(x,y,'-r*',x1,y1,'-b.'),grid
legend('离散点','曲线拟合点')
% 最小二乘拟合中的基函数
function f=nhbx(x)
f(1)=1;
f(2)=x;
f(3)=x^2;
return
```

在 Matlab 命令窗口输入

>> c8

回车得到

c=

　2/3

　-39/28

　-11/84

可以看出,三次多项式拟合函数为

$$p(x)=\frac{2}{3}-\frac{39}{28}x-\frac{11}{84}x^2$$

图 6-9 给出了拟合函数与原函数在离散点列的图像。

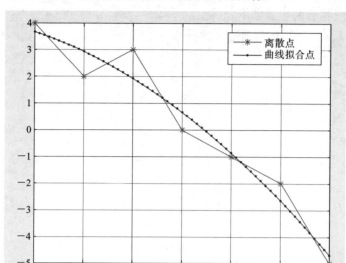

图 6-9　三次多项式拟合

正交多项式最小二乘曲线拟合是选取一组在给定点上正交的多项式函数 $\{B_i(x)\}_{i=0}^{m}$ 作为基函数进行最小二乘曲线拟合。拟合后的多项式为

$$p(x)=a_0 B_0(x)+a_1 B_1(x)+\cdots+a_m B_m(x)$$

其中待定系数

$$a_j=\frac{\sum_{i=0}^{N} y_i B_j(x_i)}{\sum_{i=0}^{N} B_j^2(x_i)}$$

基函数的构造公式为

$$B_0(x)=1$$
$$B_1(x)=x-\alpha_0$$
$$B_{j+1}(x)=(x-\alpha_j)B_j(x)-\beta_j B_{j-1}(x)$$

其中

$$a_j=\frac{\sum_{i=0}^{N} x_i B_j^2(x_i)}{\sum_{i=0}^{N} B_j^2(x_i)}$$

$$\beta_j=\frac{\sum_{i=0}^{N} B_j^2(x_i)}{\sum_{i=0}^{N} B_{j-1}^2(x_i)}$$

对于给定的一组实验数据点 $(x_i,y_i)(i=0,1,2,\cdots,N)$，构造 m 次正交多项式最小二乘曲线拟合的步骤如下：

(1) 令 $B_0(x)=1$，根据递推公式有

$$a_0=\frac{\sum\limits_{i=0}^{N}y_i}{\sum\limits_{i=0}^{N}1}=\frac{\sum\limits_{i=0}^{N}y_i}{N+1}$$

$$\alpha_0=\frac{\sum\limits_{i=0}^{N}x_i}{\sum\limits_{i=0}^{N}1}=\frac{\sum\limits_{i=0}^{N}x_i}{N+1}$$

(2) 令 $B_1(x)=c_0+c_1x$，根据递推公式有

$$c_0=-\alpha_0$$
$$c_1=1$$

$$a_1=\frac{\sum\limits_{i=0}^{N}y_iB_1(x_i)}{\sum\limits_{i=0}^{N}B_1^2(x_i)}$$

$$\alpha_1=\frac{\sum\limits_{i=0}^{N}x_iB_1^2(x_i)}{\sum\limits_{i=0}^{N}B_1^2(x_i)}$$

$$\beta_1=\frac{\sum\limits_{i=0}^{N}B_1^2(x_i)}{\sum\limits_{i=0}^{N}B_0^2(x_i)}$$

更新逼近多项式的系数：$a_0=a_0+a_1c_0$，$a_1=a_1c_1$。

(3) 对于 $t=2,3,\cdots,m$，设

$$B_t(x)=r_0+r_1x+\cdots+r_tx^t$$
$$B_{t-1}(x)=s_0+s_1x+\cdots+s_{t-1}x^{t-1}$$
$$B_{t-2}(x)=w_0+w_1x+\cdots+w_{t-2}x^{t-2}$$

由递推公式

$$\begin{cases}r_t=s_{t-1}\\r_{t-1}=-\alpha_{t-1}s_{t-1}+s_{t-2}\\r_i=-\alpha_{t-1}s_i+s_{i-1}-\beta_{t-1}w_i\\r_0=-\alpha_{t-1}s_0-\alpha_{t-1}w_0\end{cases},\quad i=1,2,\cdots,t-2$$

更新逼近多项式的系数：

$$\begin{cases} a_k = a_k + a_t r_k \\ a_t = a_t r_t \end{cases}, \quad k=0,1,\cdots,t-1$$

应用实例 6.9 用四次正交多项式最小二乘曲线拟合表 6-2 中的数据点。

表 6-2 某实验得到的观测数据

x	1	2	3	4	5
y	1.5	1.8	4	3.4	5.7

程序 6.9

```
function c9( )
% 离散实验数据点的正交多项式最小二乘曲线拟合
clear all; close all;
x=1:5;
y=[1.5 1.8 4 3.4 5.7];
n=4;
disp('正交多项式拟合系数为')
A=zjmls(x,y,n)
for i=1:n+1
p(i)=A(n-i+2);
end
yi1=polyval(p,x);
p1=polyfit(x,y,1);
% 给出线性拟合表达式
disp('线性拟合函数为 p1(x)')
p=vpa(poly2sym(p1),4)
x2=1:0.1:5; % 采样点
yi2=polyval(p1,x2); % 计算采样点的拟合结果
plot(x,y,'-h',x,yi1,'-r*',x2,yi2,'-b.')
legend('原始离散点','正交多项式最小二乘拟合','线性最小二乘拟合')
function A=zjmls(x,y,m)
% 实验数据点 x 轴坐标向量: x
% 实验数据点 y 轴坐标向量: y
% 拟合多项式的次数: m
% 拟合多项式的系数向量: A
N=length(x);
```

```
M=length(y);
if(N~ =M)
disp('数据点坐标不匹配！')
return;
end   % 维数检查
syms v;
d=zeros(1,m+1);
q=zeros(1,m+1);
alpha=zeros(1,m+1);
for k=0:m
px(k+1)=power(v,k);
end   % x 的幂多项式
B2=[1];
d(1)=N;
for l=1:N
q(1)=q(1)+y(l);
alpha(1)=alpha(1)+x(l);
end
q(1)=q(1)/d(1);
alpha(1)=alpha(1)/d(1);
A(1)=q(1);   % 算法的第一步,求出拟合多项式的常数项
B1=[-alpha(1) 1];
for l=1:N
d(2)=d(2)+(x(l)-alpha(1))^2;
q(2)=q(2)+y(l)*(x(l)-alpha(1));
alpha(2)=alpha(2)+x(l)*(x(l)-alpha(1))^2;
end
q(2)=q(2)/d(2);
alpha(2)=alpha(2)/d(2);
A(1)=A(1)+q(2)*(-alpha(1)); % 更新拟合多项式的常数项
A(2)=q(2);   % 算法的第二步,求出拟合多项式的一次项系数
beta=d(2)/d(1);
for i=3:m+1
B=zeros(1,i);
B(i)=B1(i-1);
```

```
B(i-1)=-alpha(i-1)*B1(i-1)+B1(i-2);
for j=2:i-2
B(j)=-alpha(i-1)*B1(j)+B1(j-1)-beta*B2(j);
end
B(1)=-alpha(i-1)*B1(1)-beta*B2(1);
BF=B*transpose(px(1:i));
for l=1:N
Qx=subs(BF,'v',x(l));
d(i)=d(i)+(Qx)^2;
q(i)=q(i)+y(l)*Qx;
alpha(i)=alpha(i)+x(l)*(Qx)^2;
end
alpha(i)=alpha(i)/d(i);
q(i)=q(i)/d(i);
beta=d(i)/d(i-1);
for k=1:i-1
A(k)=A(k)+q(i)*B(k);   % 更新拟合多项式的系数
end
A(i)=q(i)*B(i);
B2=B1;
B1=B;
end
return
```

在 Matlab 命令窗口输入

>> c9

回车得到

正交多项式拟合系数为

A=

　91/5　-197/6　1249/60　-307/60　13/30

线性拟合函数为 p1(x)

p=

　x+0.28

可以看出，四次正交多项式拟合函数为

$$y = \frac{91}{5} - \frac{197}{6}x + \frac{1249}{60}x^2 - \frac{307}{60}x^3 + \frac{13}{30}x^4$$

图 6-10 给出了拟合函数与原函数在离散点列的图像。

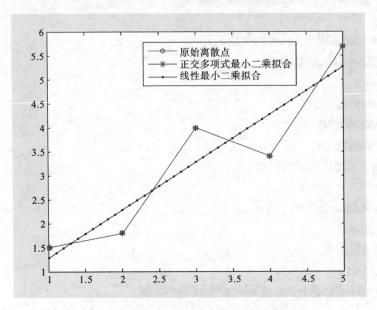

图 6-10　离散点及最小二乘拟合数据

6.5　最佳一致逼近

在连续函数的多项式逼近中,要精确求出给定连续函数的某种最佳一致逼近多项式常常是非常困难的。因此,在实际应用中,往往采用一个近似多项式来代替,其中,一种求最佳一致逼近的方法是采用第一类切比雪夫节点插值。如果求解区间是$[a,b]$,则切比雪夫节点为

$$x_j = \frac{1}{2}\left[(b-a)\cos\frac{(2j+1)\pi}{2(n+1)} + b + a\right], \quad j = 0,1,\cdots,n$$

应用实例 6.10　求函数 $f(x) = xe^x$ 在区间$[-6,6]$上的近似 3 阶、5 阶和 12 阶最佳一致逼近多项式(切比雪夫插值多项式),并分别给出不同阶逼近多项式的函数图像,比较各阶逼近效果。

程序 6.10

```
function c10( )
% 切比雪夫最佳一致逼近多项式
clear all; close all;
```

```matlab
% 构造函数
f=@ (x) x.*exp(x);
% 分别调用逼近函数
z1=chebycz(f,3,-6,6)
z2=chebycz(f,5,-6,6)
z3=chebycz(f,12,-6,6)
% 作出逼近函数图像
subplot(2,2,1),ezplot('x*exp(x)'),grid
subplot(2,2,2),ezplot(z1),grid
text(2,1500,'n=3');
delete(get(gca,'title'))
subplot(2,2,3),ezplot(z2),grid
text(2,800,'n=5');
delete(get(gca,'title'))
subplot(2,2,4),ezplot(z3),grid
text(2,800,'n=12');
delete(get(gca,'title'))
% 改变背景为白色
set(gcf,'color','white')
% 第一类切比雪夫节点插值点
function g=chebycz(f,n,a,b)
% n 为要求的阶数
% 节点
for j=0:n
temp1=(j*2+1)*pi/2/(n+1);
temp2=(b-a)*cos(temp1)+b+a;
temp3(j+1)=temp2/2;
end
x=temp3;
% 求得节点函数值
y=f(x);
% 多节点插值
g=lag(x,y);
return
% 拉格朗日插值方法
```

```
% 可以同时对多点插值
% t 可以是向量
function s=lag(x,y,t)
% 采用符号推导,给出插值具体公式
syms p;
n=length(x);
s=0;
for k=1:n
la=y(k);
% 构造基函数
for j=1:k-1
la=la*(p-x(j))/(x(k)-x(j));
end
for j=k+1:n
la=la*(p-x(j))/(x(k)-x(j));
end
s=s+la;
simplify(s);
end
% 对输入参数的个数作判断,如果只有两个参数,直接给出插值多项式
% 如果有三个参数,则给出插值点的插值结果
if(nargin==2)
s=subs(s,'p','x');
s=vpa(s,4);
else
m=length(t);
for i=1:m
temp(i)=subs(s,'p',t(i));
end
% 得到的是系列插值点的插值结果,即得到的是向量,赋值给 s
s=temp;
end
return
```

在 Matlab 命令窗口输入

>> c10

回车得到 3 阶、5 阶和 12 阶的切比雪夫插值多项式。由于插值多项式表达式太长,此处略去其表达式。

图 6-11 给出了 3 阶、5 阶和 12 阶切比雪夫插值多项式的图像。可以看出,前面 3 阶和 5 阶的逼近效果比较粗糙,12 阶的逼近效果在区间内还是不错的。

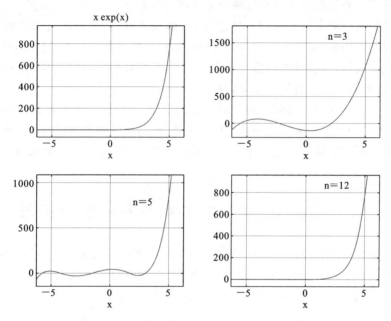

图 6-11 切比雪夫插值多项式最佳一致逼近效果

本 章 小 结

函数逼近是为了在计算机上更加方便地计算函数的值,因为多项式计算起来是最简单的。不管哪种逼近,它们都是使逼近函数和已知函数的误差在某种意义上达到最小。

数据拟合是数据处理的一种重要手段,是来源于实际又应用于实际的重要的计算方法。利用 Matlab 实现起来比较容易,应用起来也比较方便。

第7章 数值积分与数值微分

本章主要介绍数值积分与数值微分的概念与算法。

积分问题最早来源于几何形体的面积、体积计算,也是经典力学中的重要问题。在实际应用中,虽然部分积分问题可以通过求原函数的方法得到,但是也有相当多的积分问题,寻找其原函数是非常困难的,甚至有些原函数根本不能用初等函数表示,因此需要通过数值方法来计算。

数值方法不仅可以求解析函数的积分,也可以求以列表形式给出的函数的积分,其基本原理是首先采用多项式近似原函数,然后用近似多项式的积分近似原函数的积分。而数值微分则是利用一些离散点上的函数值求某一点处的函数的近似导数。

7.1 Matlab 中的不定积分与定积分函数

Matlab 中的 int 函数功能十分强大,不仅能计算普通的初等函数的不定积分,还能计算各类非初等函数的不定积分。int 函数只对符号表达式 f 进行运算。

应用实例 7.1 采用 int 函数,计算下列不定积分:

$$f_1 = \int x\sin x \mathrm{d}x, \quad f_2 = \int y\sin x \mathrm{d}x, \quad f_3 = \int 4\mathrm{d}x$$

程序 7.1

```
function c1( )
% int 函数计算不定积分
clear all; close all;
f1=int(myfun1( ))
f2=int(myfun2( ), 'x')
f3=int(myfun3( )
function f=myfun1( )
syms x;
f=sin(x)*x;
return
function f=myfun2( )
syms x y;
```

```
f=sin(x)*y;
return
function f=myfun3( )
syms x;
f=4*x^0;
return
```

在 Matlab 命令窗口输入

>> c1

回车得到

f1=
　sin(x)-x*cos(x)
f2=
　-y*cos(x)
f3=
　4*x

由计算结果知

$$f_1 = \int x \sin x \mathrm{d}x = \sin x - x \cos x$$

$$f_2 = \int y \sin x \mathrm{d}x = - y \cos x$$

$$f_3 = \int 4 \mathrm{d}x = 4x$$

注：命令 int(f,'x')表示对函数 f 中的自变量 x 求不定积分。另外，使用 int 函数求不定积分时得到的是被积函数的一个原函数。

int 函数不仅可以求函数的不定积分，也可以求函数的定积分。函数 trapz、quad 和 quadl 也能求函数的定积分，下面分别予以介绍。

（1）int 函数是通用方法，应用较广，但精度一般，调用格式如下：

int(F,a,b)：计算符号表达式 F 从 a 到 b 的定积分。

int(F,s,a,b)：计算符号表达式 F 对自变量 s 从 a 到 b 的定积分。

（2）trapz 通过计算若干梯形面积的和来近似某函数的积分，其基本用法如下：

trapz(x,y)：以 x 为横坐标，y 为纵坐标计算积分。

trapz(y)：相当于 trapz(x,y)，其中 x 默认是 1:length(y)=n，也就是说，横坐标是从 1 到 n 的一列整数，y 为纵坐标，计算积分。

trapz(Y)：若 Y 是一向量，则 trapz(Y)为 Y 的积分；若 Y 是一矩阵，则 trapz(Y)为 Y 的

每一列的积分。

（3）quad和quadl是基于辛普森自适应方法来计算函数的定积分，其基本用法如下：

quad(F,a,b)：计算函数 F 从 a 到 b 的数值积分，容许误差为 10^{-6}。

quad(F,a,b,tol)：计算函数 F 从 a 到 b 的数值积分，用指定的绝对误差 tol 代替 10^{-6}。

quadl(F,a,b)：用高精度方法计算函数 F 从 a 到 b 的数值积分，效率可能比quad更高。

应用实例 7.2　计算下列定积分：
$$f_1 = \int_1^3 (x^2 + \cos x)\mathrm{d}x, \quad f_2 = \int_1^3 (x^2 + y\cos x)\mathrm{d}x$$

程序 7.2

```
function c2( )
% 计算定积分
clear all; close all;
f1=int(myfun1( ),1,3)
f2=int(myfun2( ),'x',1,3)
function f=myfun1( )
syms x;
f=x^2+cos(x);
return
function f=myfun2( )
syms x y;
f=x^2+cos(x)*y;
return
```

在 Matlab 命令窗口输入

```
>> c2
```

回车得到

```
f1=
    sin(3)-sin(1)+26/3
f2=
    26/3-y*(sin(1)-sin(3))
```

Matlab 还提供了计算二重积分和三重积分的函数。

dblquad(F,x_1,x_2,y_1,y_2):调用函数**quad**计算矩形区域$[x_1,x_2]\times[y_1,y_2]$上二元函数 $z=F(x,y)$的二重积分。

tripequad(F,x_1,x_2,y_1,y_2,z_1,z_2):调用函数**quad**计算长方体区域$[x_1,x_2]\times[y_1,y_2]\times$ $[z_1,z_2]$上三元函数 $F=F(x,y,z)$的三重积分。

应用实例7.3   计算二重积分

$$f_1 = \int_{-1}^{1}\int_0^2 \sin x \sqrt{y}\,\mathrm{d}x\mathrm{d}y$$

和三重积分

$$f_2 = \int_0^\pi \int_0^1 \int_{-1}^1 (y\sin x + z\cos x)\,\mathrm{d}x\mathrm{d}y\mathrm{d}z$$

程序 7.3

```
function c3( )
% 计算二重积分和三重积分
clear all; close all;
f1=dblquad('sin(x)*sqrt(y)',-1,1,0,2)
f2=triplequad('y*sin(x)+z*cos(x)',0,pi,0,1,-1,1)
```

在 Matlab 命令窗口输入

```
>> c3
```

回车得到

```
f1=
    -4.4306e-18
f2=
    2.0000
```

7.2   梯形求积公式

梯形求积公式是最简单的数值积分公式,函数 $f(x)$ 在区间$[a,b]$上的表达式为

$$\int_a^b f(x)\mathrm{d}x \approx \frac{b-a}{2}[f(a)+f(b)]$$

虽然梯形求积公式是最简单的数值积分方法,其几何意义比较直观,但是求得的结果误差较大。因此,提出了改进的梯形求积公式,即复化梯形求积公式,其步骤如下:对于积分问题$\int_a^b f(x)\mathrm{d}x$,首先把区间$[a,b]$分成 n 个相等的子区间,然后

在每个子区间上使用梯形求积公式，得到

$$\int_{x_{i-1}}^{x_i} f(x)\mathrm{d}x \approx \frac{x_i - x_{i-1}}{2}\big[f(x_{i-1}) + f(x_i)\big] = \frac{h}{2}\big[f(x_{i-1}) + f(x_i)\big]$$

其中，$h = \dfrac{b-a}{n}$ 为积分区间长度。于是

$$\int_a^b f(x)\mathrm{d}x \approx \sum_{i=1}^n \int_{x_{i-1}}^{x_i} f(x)\mathrm{d}x = \sum_{i=1}^n \frac{h}{2}\big[f(x_{i-1}) + f(x_i)\big]$$

$$= \frac{h}{2}\Big[f(a) + f(b) + 2\sum_{i=1}^{n-1} \frac{h}{2}f(a + ih)\Big]$$

应用实例 7.4　把积分区间分为 20 个、40 个、80 个和 200 个子区间，采用复化梯形求积公式计算 $f = \int_{-2}^{2} (x^2 + \sin x)\mathrm{d}x$，然后比较所得结果的精度。

程序 7.4

```
function c4( )
% 复化梯形求积公式
clear all; close all;
syms x;
f(x)=x^2+sin(x);
disp('20 个子区间数值积分为')
s_20=trapeoid(-2,2,20)
disp('40 个子区间数值积分为')
s_40=trapeoid(-2,2,40)
disp('80 个子区间数值积分为')
s_80=trapeoid(-2,2,80)
disp('200 个子区间数值积分为')
s_200=trapeoid(-2,2,200)
% 采用符号法计算出积分的理论结果
disp('真实结果为')
real_s=int(f,x,-2,2);
s=vpa(real_s,6)
% 误差
TOL=[s-s_20;s-s_40;s-s_80;s-s_200]
function s=trapeoid(a,b,n)
h=(b-a)/n;
s=0;
```

```
for k=1:n-1
x=a+h*k;
s=s+funtrapeoid(x);
end
s=h*(funtrapeoid(a)+funtrapeoid(b))/2+h*s;
return
function f=funtrapeoid(x)
f=x^2+sin(x);
return
```

在 Matlab 命令窗口输入

```
>> c4
```

回车得到

20 个子区间数值积分为
s_20=
　　5.3600
40 个子区间数值积分为
s_40=
　　5.3400
80 个子区间数值积分为
s_80=
　　5.3350
200 个子区间数值积分为
s_200=
　　5.3336
真实结果为
s=
　　5.33333
TOL=
　　-0.0266666666666642413474619388580322
　　-0.0066666666666660603368654847145080
　　-0.0016666666666651508421637117862701
　　-0.0002666666666675519081763923168182
37

由计算结果可知,区间划分得越细,所得结果精度越高。

7.3　辛普森求积公式

辛普森求积公式为

$$\int_a^b f(x)\mathrm{d}x \approx \frac{b-a}{6}\left[f(a)+4f\left(\frac{a+b}{2}\right)+f(b)\right]$$

其几何意义是用通过三点$(a,f(a))$、$\left(\frac{a+b}{2},f\left(\frac{a+b}{2}\right)\right)$和$(b,f(b))$的抛物线围成的曲边梯形的面积来代替待求的定积分。

精度更高的 3/8 辛普森求积公式为

$$\int_a^b f(x)\mathrm{d}x \approx \frac{b-a}{8}\left[f(a)+3f\left(\frac{2a+b}{2}\right)+3f\left(\frac{a+2b}{2}\right)+f(b)\right]$$

复化辛普森求积公式为

$$\int_a^b f(x)\mathrm{d}x \approx \sum_{i=1}^{n}\int_{x_{i-1}}^{x_i} f(x)\mathrm{d}x = \frac{h}{6}\sum_{i=1}^{n}\left[f(x_{i-1})+4f(x_{i-\frac{1}{2}})+f(x_i)\right]$$

其中 $f(x_0)=a,f(x_{i-\frac{1}{2}})=f\left(\dfrac{x_{i-1}+x_i}{2}\right),f(x_n)=b,h=\dfrac{b-a}{n}$。

在实际应用中,复化求积公式不能估计所得数值结果的精度,因此,使用起来很不方便。要想控制数值积分的精度,可采取如下办法:设求积区间已经划分为 n 个子区间,在此基础上,再把求积区间划分得更细,给出新的积分结果。如果前后两次积分结果的差比给定的误差限小,则停止细化,输出结果,否则继续增加积分区间数。

应用实例 7.5　采用各类辛普森求积公式计算 $f=\int_1^2 3\ln x\mathrm{d}x$,要求复化辛普森求积公式的精度控制在 10^{-6} 以下。

程序 7.5

```
function c5( )
% 辛普森求积公式
clear all; close all;
eps=10^(-6);
a=1;
b=2;
disp('辛普森数值积分为')
[s1,step1]=xps(a,b,1,eps)
disp('3/8 辛普森数值积分为')
[s2,step2]=xps(a,b,2,eps)
```

```
disp('复化辛普森数值积分为')
[s3,step3]=xps(a,b,3,eps)
function [s,step]=xps(a,b,type,eps)
% a,b 为积分区间
% step 为子区间数
% eps 为数值积分的求解精度
s=0;
switch type
case 1, %  辛普森求积公式
s=(b-a)/6*(funxps(a)+4*funxps((a+b)/2)+funxps(b));
step=1;
case 2, %  3/8 辛普森求积公式
s=(b-a)/8*(funxps(a)+3*funxps((2*a+b)/3)+...
3*funxps((a+2*b)/3)+funxps(b));
step=1;
case 3, %  复化辛普森求积公式
n=2;
h=(b-a)/2;
s1=0;
s2=(funxps(a)+funxps(b))/h;
while abs(s2-s1)> eps
n=n+1;
h=(b-a)/n;
s1=s2;
s2=0;
for i=0:n-1
x=a+h*i;
x1=x+h;
s2=s2+h/6*(funxps(x)+4*funxps((x+x1)/2)+funxps(x1));
end
end
s=s2;
step=n;
end
return
```

```
function f=funxps(x)
f=3*log(x);
return
```

在 Matlab 命令窗口输入

>> c5

回车得到

辛普森数值积分为

s1=

　　1.1575

step1=

　　1

3/8 辛普森数值积分为

s2=

　　1.1583

step2=

　　1

复化辛普森数值积分为

s3=

　　1.1589

step3=

　　7

由计算结果可知,复化辛普森求积公式可以控制所得数值结果的精度。

7.4　牛顿-科茨求积公式

牛顿-科茨求积公式首先采用通过 n 个等距节点上的 $n-1$ 阶多项式对被积函数进行插值,然后通过对插值函数求积分获得待求函数的定积分。其积分公式为

$$\begin{cases} \int_a^b f(x)\mathrm{d}x \approx (b-a)\sum_{k=0}^{n} C_k f(x_k) \\ f(x_0) = f(a) \\ f(x_n) = f(b) \end{cases}$$

梯形求积公式对应于上式中 $n=1$,辛普森求积公式对应于上式中 $n=2$。一些常用的求积公式如下:

（1）科茨求积公式：

$$\int_a^b f(x)\mathrm{d}x \approx \frac{b-a}{90}\left[7f(a) + 32f\left(\frac{3a+b}{4}\right) + 12f\left(\frac{a+b}{2}\right) + 32f\left(\frac{a+3b}{4}\right) + 7f(b)\right]$$

（2）牛顿-科茨六点求积公式：

$$\int_a^b f(x)\mathrm{d}x \approx \frac{b-a}{288}\left[19f(a) + 75f\left(\frac{4a+b}{5}\right) + 50f\left(\frac{3a+2b}{5}\right)\right]$$
$$+ \frac{b-a}{288}\left[50f\left(\frac{2a+3b}{5}\right) + 75f\left(\frac{a+4b}{5}\right) + 19f(b)\right]$$

（3）牛顿-科茨七点求积公式：

$$\int_a^b f(x)\mathrm{d}x \approx \frac{b-a}{840}\left[41f(a) + 216f\left(\frac{5a+b}{6}\right) + 27f\left(\frac{2a+b}{3}\right)\right]$$
$$+ \frac{b-a}{840}\left[272f\left(\frac{a+b}{2}\right) + 27f\left(\frac{a+2b}{3}\right) + 216f\left(\frac{a+5b}{6}\right) + 41f(b)\right]$$

注：当 $n \leqslant 6$ 时，n 越大，数值积分的精度越高，但是当 $n > 6$ 时，数值积分的稳定性得不到保证，因此一般情况下 n 最大取 6 就够了。

应用实例 7.6　采用牛顿-科茨系列求积公式计算积分 $f = \int_0^{10} \sin x\,\mathrm{d}x$。

程序 7.6

```
function c6( )
% 辛普森求积公式
clear all; close all;
a=0;
b=10;
disp('科茨数值积分为')
s1=newtoncotes(a,b,1)
disp('牛顿-科茨六点数值积分为')
s2=newtoncotes(a,b,2)
disp('牛顿-科茨七点数值积分为')
s3=newtoncotes(a,b,3)
function s=newtoncotes(a,b,type)
% a,b 为积分区间
s=0;
switch type
case 1, % 科茨求积公式
s=(b-a)/90*(7*funcotes(a)+32*funcotes((3*a+b)/4)+...
    12*funcotes((a+b)/2)+32*funcotes((a+3*b)/4)+7*funcotes(b));
```

```
case 2, %  牛顿-科茨六点求积公式
s=(b-a)/288*(19*funcotes(a)+75*funcotes((4*a+b)/5)+...
    50*funcotes((3*a+2*b)/5)+50*funcotes((2*a+3*b)/5)+...
    75*funcotes((a+4*b)/5)+19*funcotes(b));
case 3, %  牛顿-科茨七点求积公式
s=(b-a)/840*(41*funcotes(a)+216*funcotes((6*a+b)/6)+...
    27*funcotes((2*a+b)/3)+272*funcotes((a+b)/2)+...
    27*funcotes((a+2*b)/3)+216*funcotes((a+5*b)/6)+41*funcotes(b));
end
return
function f=funcotes(x)
f=sin(x);
return
```

在 Matlab 命令窗口输入

>> c6

回车得到

科茨数值积分为
s1=
    3.7613
牛顿-科茨六点数值积分为
s2=
    2.7865
牛顿-科茨七点数值积分为
s3=
    1.5296

　　由计算结果可知,牛顿-科茨七点求积公式结果最准确,即 $f = \int_0^{10} \sin x dx = 1.5296$。此实验说明低阶的牛顿-科茨求积公式也存在着同辛普森求积公式一样的缺点。

7.5　高斯系列求积公式

　　本节中的实验介绍高斯型求积方法,这里需要用到正交多项式的一些理论。

7.5.1　高斯求积公式

高斯求积公式的思想是首先用 n 个不等距的节点 $x_1, x_2, \cdots, x_n$ 对被积函数进行插值,然后对插值后的函数进行积分,其求积公式为

$$\int_{-1}^{1} f(x)\mathrm{d}x \approx \sum_{k=0}^{n} A_k f(x_k)$$

如果被积区间不是 $[-1,1]$,则需通过变量代换将普通区间 $[a,b]$ 转换到区间 $[-1,1]$,即

$$\int_a^b f(x)\mathrm{d}x \approx \frac{b-a}{2}\int_{-1}^{1} f\left(\frac{b-a}{2}t + \frac{a+b}{2}\right)\mathrm{d}t$$

其中,系数 A_k、节点 x_k 与 n 的取值如表 7-1 所示。

表 7-1　高斯求积公式的系数 A_k、节点 x_k 与 n 的取值

n	x_k	A_k
0	0.0	2.0
1	±0.5773503	1.0
2	±0.7745967	0.55555556
	0.0	0.88888889
3	±0.8611363	0.3478548
	±0.3398810	0.6521452
4	±0.9061793	0.2369269
	±0.5384693	0.4786287
	0.0	0.5688889

应用实例 7.7　采用高斯求积公式计算 $f = \int_0^1 x^9 \mathrm{d}x$。

程序 7.7

```
function c7( )
% 高斯求积公式
clear all; close all;
a=0;
b=1;
n=3;
s=intgauss(a,b,n)
function s=intgauss(a,b,n,Ak,Xk)
% a,b 为积分区间
```

```
% Ak:自定义高斯公式中的系数
% Xk:自定义高斯公式中的节点坐标
if n< 5 & nargin==3
Ak=0;
Xk=0;
else
Xk1=(b-a)/2*Xk+(a+b)/2;
s=(b-a)/2*sum(Ak.*myfun(Xk1));
end
ta=(b-a)/2;
tb=(a+b)/2;
s=0;
switch n
case 0
s=2*ta*myfun(tb);
case 1
s=ta*(myfun(ta*0.5773503+tb)+myfun(-ta*0.5773503+tb));
case 2
s=ta*(0.55555556*myfun(ta*0.7745967+tb)+0.55555556*myfun(-ta*0.7745967+tb)...
    +0.88888889*myfun(tb));
case 3
s=ta*(0.3478548*myfun(ta*0.8611363+tb)+0.3478548*myfun(-ta*0.8611363+tb)...
    +0.6521452*myfun(ta*0.3398810+tb)+0.6521452*myfun(-ta*0.3398810+tb));
case 4
s=ta*(0.2369269*myfun(ta*0.9061793+tb)+0.2369269*myfun(-ta*0.9061793+tb)...
    +0.4786287*myfun(ta*0.5384693+tb)+0.4786287*myfun(-ta*0.5384693+tb)...
    +0.5688889*myfun(tb));
end
return
function f=myfun(x)
f=x^9;
return
```

在 Matlab 命令窗口输入

```
>> c7
```

回车得到

s=

|　0.0999

由计算结果可知,如果被积函数在积分区间不单调,则高斯求积公式不存在辛普森求积公式的缺点。

7.5.2　高斯-拉道求积公式

高斯-拉道求积公式为

$$\int_{-1}^{1} f(x)\mathrm{d}x \approx \frac{2}{n^2}f(-1) + \sum_{k=2}^{n} A_k f(x_k)$$

其中,系数 A_k、节点 x_k 与 n 的取值如表 7-2 所示。

表 7-2　高斯-拉道求积公式的系数 A_k、节点 x_k 与 n 的取值

n	x_k	A_k
2	-1	0.5
	0.333333	1.5
3	-1	0.222222
	-0.289898	0.752806
	0.689898	1.024972
4	-1	0.125
	-0.575319	0.657689
	0.181066	0.776387
	0.822824	0.440925
5	-1	0.08
	0.72048	0.446207
	-0.167181	0.623653
	0.446314	0.562712
	0.885792	0.287427

应用实例 7.8　采用高斯-拉道求积公式求解 $f = \int_{0}^{10} \mathrm{e}^{-x}\sin x\mathrm{d}x$。

程序 7.8

```
function c7( )
% 高斯-拉道求积公式
clear all; close all;
```

```matlab
a=0;
b=10;
s1=intgausslada(a,b,3)
s2=intgausslada(a,b,4)
s3=intgausslada(a,b,5)
function s=intgausslada(a,b,n,Ak,Xk)
% a,b 为积分区间
% Ak:自定义高斯公式中的系数
% Xk:自定义高斯公式中的节点坐标
if n< 6 & nargin==3
Ak=0;
Xk=0;
else
Xk1=(b-a)/2*Xk+(a+b)/2;
s=(b-a)/2/n/n*(myfun(a)+sum(Ak.*myfun(Xk1)));
end
ta=(b-a)/2;
tb=(a+b)/2;
s=0;
switch n
case 2
s=0.5*ta*myfun(-ta+tb)+1.5*ta*myfun(0.333333*ta+tb);
case 3
s=ta*(0.222222*myfun(-ta+tb)+0.752806*myfun(-ta*0.289898+tb)+...
    1.024972*myfun(ta*0.689898+tb));
case 4
s=ta*(0.125*myfun(-ta+tb)+0.657689*myfun(-ta*0.575319+tb)...
    +0.776387*myfun(ta*0.181066+tb)+0.440925*myfun(ta*0.822824+tb));
case 5
s=ta*(0.08*myfun(-ta+tb)+0.446207*myfun(-ta*0.72048+tb)...
    +0.623653*myfun(-ta*0.167181+tb)+0.562712*myfun(ta*0.446314+tb)...
    +0.287427*myfun(ta*0.885792+tb));
end
return
function f=myfun(x)
```

```
f=exp(-x)*sin(x);
return
```

在 Matlab 命令窗口输入

```
>> c8
```

回车得到

s1=

　-0.0421

s2=

　0.3310

s3=

　0.5035

此积分的准确值为 0.5。由计算结果可知,随着 n 的增大,高斯-拉道求积公式的精度也越来越高。

7.5.3　高斯-洛巴托求积公式

高斯-洛巴托求积公式为

$$\int_{-1}^{1} f(x)\mathrm{d}x \approx \frac{2}{n(n-1)}\big[f(-1)+f(1)\big] + \sum_{k=2}^{n-1} A_k f(x_k)$$

其中,系数 A_k、节点 x_k 与 n 的取值如表 7-3 所示。

表 7-3　高斯-洛巴托求积公式的系数 A_k、节点 x_k 与 n 的取值

n	x_k	A_k
3	0	1.333333
	± 1	0.333333
4	± 0.447214	0.833333
	± 1	0.166666
5	0	0.711111
	± 0.654654	0.544444
	± 1	0.1
6	± 0.285232	0.554858
	± 0.765055	0.378475
	± 1	0.066667

应用实例 7.9　采用高斯-洛巴托求积公式求解 $f=\int_{0}^{10} \mathrm{e}^{-x}\sin x\mathrm{d}x$。

程序 7.9

```
function c9( )
% 高斯-洛巴托求积公式
clear all; close all;
a=0;
b=10;
s1=intgausslobato(a,b,4)
s2=intgausslobato(a,b,5)
s3=intgausslobato(a,b,6)
function s=intgausslobato(a,b,n,Ak,Xk)
% a,b 为积分区间
% Ak:自定义高斯公式中的系数
% Xk:自定义高斯公式中的节点坐标
if n< 7& nargin==3
Ak=0;
Xk=0;
else
Xk1=(b-a)/2*Xk+(a+b)/2;
s=(b-a)/2/n/(n-1)*(myfun(a)+myfun(b)+sum(Ak.*myfun(Xk1)));
end
ta=(b-a)/2;
tb=(a+b)/2;
s=0;
switch n
case 3
s=ta*(0.333333*(myfun(a)+myfun(b))+1.333333*myfun(tb));
case 4
s=ta*(0.166666*(myfun(a)+myfun(b))+0.833333*(myfun(ta*0.447214+tb)+...
   myfun(-ta*0.447214+tb)));
case 5
s=ta*(0.1*(myfun(a)+myfun(b))+0.544444*(myfun(ta*0.654654+tb)...
   +myfun(-ta*0.654654+tb))+0.711111*myfun(tb));
case 6
s=ta*(0.066667*(myfun(a)+myfun(b))+0.554858*(myfun(ta*0.285232+tb)+...
   myfun(-ta*0.285232+tb))+0.378475*(myfun(ta*0.765055+tb)+myfun(-ta*0.765055+tb)));
end
```

```
return
function f=myfun(x)
f=exp(-x)*sin(x);
return
```

在 Matlab 命令窗口输入

```
>> c9
```

回车得到

```
s1=
    0.0993
s2=
   -0.0543
s3=
    0.5075
```

由计算结果可知,如果求积公式中的节点数为 n,高斯求积公式的精度则为 $2n-1$,高斯-拉道求积公式的精度为 $2n-2$,高斯-洛巴托求积公式的精度为 $2n-3$。但是如果知道被积函数在区间端点上取值为 0,宜采用高斯-拉道求积公式或高斯-洛巴托求积公式。

7.5.4 高斯-勒让德求积公式

高斯-勒让德求积公式为

$$\int_{-1}^{1} f(x)\mathrm{d}x \approx \sum_{k=1}^{n} A_k f(x_k)$$

其中,x_k 为勒让德多项式在区间 $[-1,1]$ 的零点,A_k 为权系数,计算式为

$$A_k = \frac{2\,(1-x_k)^2}{n^2\,\big[P_n(x_k)\big]^2}$$

零点与权系数可以通过程序计算出来。

应用实例 7.10 采用高斯-勒让德求积公式求解 $f = \int_{0}^{\frac{\pi}{2}} x^2 \cos x\, \mathrm{d}x$。

程序 7.10

```
function c10( )
% 高斯-勒让德求积公式
clear all; close all;
a=0;
```

```
b=pi/2;
disp('计算结果为:')
s=gauleg(a,b)
function s=gauleg(a,b)
% a,b 为积分区间
% 5 阶勒让德多项式节点
node=[-0.9061798459;-0.5384693101; 0; 0.5384693101; 0.9061798459];
weight=[0.2369268851; 0.4786286705; 0.5688888889; 0.4786286705; 0.2369268851];
ta=(b+a)/2+(b-a)*node/2;
s=(b-a)/2*sum(weight.*myfun(ta));
return
function f=myfun(x)
f=x.^2.*cos(x);
return
```

在 Matlab 命令窗口输入

>> c10

回车得到

计算结果为:

s=

0.4674

由计算结果可知,高斯-勒让德求积方法是行之有效的。高阶勒让德求积公式的零点和权系数可以通过查表或程序计算得到。

7.5.5　高斯-拉盖尔求积公式计算反常积分

无穷区间 $[0,+\infty)$ 上的求积公式为

$$S = \int_0^{+\infty} f(x)\,\mathrm{d}x \approx \sum_{k=1}^{n} A_k f(x_k)$$

其中,x_k 为拉盖尔多项式在区间 $[-1,1]$ 上的零点,A_k 为权系数,计算式为

$$A_k = \frac{x_k}{n^2}[L_n(x_k)]^2$$

零点与权系数可以通过程序计算出来。

应用实例 7.11　采用高斯-拉盖尔求积公式计算 $f = \displaystyle\int_0^{+\infty} x\mathrm{e}^{-x}\,\mathrm{d}x$。

程序 7.11

```
function c11( )
% 高斯-拉盖尔求积公式
clear all; close all;
disp('计算结果为:')
s=gaulag( )
function s=gaulag( )
% 5 阶拉盖尔多项式节点和权重
node=[0.26355990 1.41340290 3.59624600 7.08580990 12.6408];
weight=[0.6790941054 1.638487956 2.769426772 4.315944 7.10489623];
s=sum(weight.*myfun(node));
return
function f=myfun(x)
f=x.*exp(-x);
return
```

在 Matlab 命令窗口输入

>> c11

回车得到

计算结果为:
s=
  1.0000

对于形如 $\int_0^{+\infty} e^{-x} g(x) \mathrm{d}x$ 的积分,高斯 - 拉盖尔求积公式尤为有效。

7.5.6　高斯-埃尔米特求积公式计算反常积分

无穷区间$(-\infty, +\infty)$上的求积公式为

$$S = \int_{-\infty}^{+\infty} f(x)\mathrm{d}x \approx \sum_{k=1}^{n} A_k f(x_k)$$

其中,x_k 为节点,A_k 为相应的权系数。

应用实例 7.12　采用高斯-埃尔米特求积公式计算 $f = \int_{-\infty}^{+\infty} e^{-x^2} \mathrm{d}x$。

程序 7.12

```
function c12( )
```

```
% 高斯-埃尔米特求积公式
clear all; close all;
disp('计算结果为:')
s=gauherm( )
function s=gauherm( )
% 5 阶埃尔米特多项式节点和权重
node=[ -2.020182 -0.9585719 0 0.9585719 2.020182 ];
weight=[ 1.181469599 0.9865791417 0.9453089237 0.9865791417 1.181469599 ];
s=sum(weight.*myfun(node));
return
function f=myfun(x)
f=exp(-x.^2);
return
```

在 Matlab 命令窗口输入

```
>> c12
```

回车得到

计算结果为:
s=
　1.7725

对于形如 $\int_{-\infty}^{+\infty} \mathrm{e}^{-x^2} g(x)\mathrm{d}x$ 的积分,高斯 - 埃尔米特求积公式尤为有效。

7.5.7　高斯-切比雪夫求积公式计算瑕积分

区间$[-1,1]$上的瑕积分求积公式为

$$S = \int_{-1}^{1} \frac{f(x)}{\sqrt{1-x^2}}\mathrm{d}x \approx \sum_{k=1}^{n} A_k f(x_k)$$

其中,节点 $x_k = \cos\left(\frac{2k-1}{2n}\pi\right), k=1,2,\cdots,n$,权系数 $A_k = \frac{\pi}{n}$。如果积分限不在$[-1,1]$上,可通过变量变换将其变换到区间$[-1,1]$上。

应用实例 7. 13　采用高斯-切比雪夫求积公式计算 $f = \int_{-1}^{1} \frac{\mathrm{e}^x}{\sqrt{1-x^2}}\mathrm{d}x$。

程序 7. 13

```
function c13( )
```

```
% 高斯-切比雪夫求积公式
clear all; close all;
a=-1;
b=1;
for i=1:9
s(i)=gaucheb(a,b,i);
end
disp('计算结果为:')
s=s
function s=gaucheb(a,b,n)
% a,b 为积分区间
% n 为节点数,如不特别说明,取 5 个节点
if nargin==2
n=5;
end
k=1:n;
x=cos(pi*(2*k-1)/(2*n));
t=(b+a)/2+(b-a)/2*x;
s=(b-a)*pi/2/n*sum(myfun(t));
return
function f=myfun(x)
f=exp(x);
return
```

在 Matlab 命令窗口输入

```
>> c13
```

回车得到

计算结果为:

```
s=
  3.1416    3.9603    3.9773    3.9775    3.9775    3.9775    3.9775    3.9775    3.9775
```

注:被积函数含有因子 $\rho(x)=\dfrac{1}{\sqrt{1-x^2}}$ 时采用高斯-切比雪夫求积公式比较有

效,这里给出了采用 $1\sim 9$ 个节点的数值求积结果。

7.6　龙贝格求积公式

龙贝格求积公式采用理查森外推法来提高复化梯形求积公式的收敛速度,是实用性很强的一种数值积分方法,可以证明龙贝格求积公式是数值稳定的,其求解步骤如下:

(1) 计算 $R(0,0) = \dfrac{1}{2}(b-a)\big[f(a)+f(b)\big]$;

(2) 计算 $R(i,0) = \dfrac{1}{2}R(i-1,0) + \dfrac{h_{i-1}}{2}\sum\limits_{k=1}^{2^{i-2}} f\Big(a+\Big(k-\dfrac{1}{2}\Big)h_{i-1}\Big)$;

(3) 计算 $R(m,j) = \dfrac{4^{j-1}R(m,j-1)-R(m-1,j-1)}{4^{j-1}-1}$。

应用实例 7.14　采用龙贝格求积公式计算 $f = \displaystyle\int_0^{1.5} \dfrac{x}{4+x^2}\,\mathrm{d}x$。

程序 7.14

```
function c14( )
% 龙贝格求积公式
clear all; close all;
eps=1.0e-6;
a=0;
b=1.5;
disp('计算结果为:')
s=rombg(a,b,eps)
function s=rombg(a,b,eps)
% a,b 为积分区间
n=1;
h=b-a;
delta=1;
x=a;
k=0;
R=zeros(4,4);
R(1,1)=h*(myfun(a)+myfun(b))/2;
while delta> eps
k=k+1;
h=h/2;
```

```
s=0;
for j=1:n
x=a+h*(2*j-1);
s=s+myfun(x);
end
R(k+1,1)=R(k,1)/2+h*s;
n=2*n;
for i=1:k
R(k+1,i+1)=((4^i)*R(k+1,i)-R(k,i))/(4^i-1);
end
delta=abs(R(k+1,k)-R(k+1,k+1));
end
s=R(k+1,k+1);
return
function f=myfun(x)
f=x/(4+x^2);
return
```

在 Matlab 命令窗口输入

```
>> c14
```

回车得到

计算结果为：
```
s=
   0.2231
```

7.7　求导与微分

求函数的导数和微分是数值计算的基本内容，很多和方程有关的数值计算，如插值与拟合、方程求根和微分方程数值求解都涉及导数、微分的计算。

Matlab 的符号运算工具箱提供微积分运算、化简和代换、解方程等几个方面的工具。符号运算工具箱中与导数直接相关的函数是 diff 函数，此外 Matlab 中还提供了求多元函数的梯度、曲面法线以及求多变量函数的雅可比矩阵等一些函数。

1. diff 函数

diff 函数既能求一元函数的导数，也能求多元数组的差分，还能求符号函数对某个变量的偏导数以及符号函数的全微分,具体用法如表 7-4 所示。

表 7-4　diff函数的用法

格　式	说　明
f=diff(fun)	求函数 fun 的一阶导数
f=diff(fun,'x')	求函数 fun 关于变量 x 的一阶导数
f=diff(fun,'x',n)	求函数 fun 关于变量 x 的 n 阶导数
d=diff(X)	计算向量 X 的向前差分 $$d(i)=X(i+1)-X(i),\quad i=1,2,\cdots,n-1$$
d=diff(X,n)	计算向量 X 的 n 阶向前差分,如 $\mathrm{diff}(X,2)=\mathrm{diff}(\mathrm{diff}(X))$
d=diff(A,n,dim)	计算向量 A 的 n 阶差分,dim=1(默认状态)时按列计算差分,dim=2 时按行计算差分
d=diff(S)	求符号函数 S 的全微分
d=diff(S,'x')	求符号函数 S 关于变量 x 的偏导数
d=diff(S,n)	将符号函数 S 微分 n 次
d=diff(S,'x',n)	求符号函数 S 关于变量 x 的 n 阶偏导数

应用实例 7.15　采用**diff**函数对 $f_1=\sin x$、$f_2=\sqrt{x}$、$f_3=\ln x$ 求 x 的一阶导数,对 $f_4=\ln(xy)$ 求 x 的一阶与三阶导数。

程序 7.15

```
function c15( )
clear all; close all;
syms x y;
y1=sin(x);
y2=sqrt(x);
y3=log(x);
y4=log(x*y);
df1=diff(y1)
df2=diff(y2)
df3=diff(y3)
df4=diff(y4,'x')
df5=diff(y4,'x',3)
```

在 Matlab 命令窗口输入

```
>> c15
```

回车得到

df1=

cos(x)

df2=

1/(2*x^(1/2))

df3=

1/x

df4=

1/x

df5=

2/x^3

2. gradient函数与surfnorm函数

这两个函数适用于多元函数。因为曲面对应于一个二元函数,而曲面的法线垂直于梯度方向,其具体用法如表 7-5 所示。

表 7-5 gradient函数与surfnorm函数的用法

格　　式	说　　明
〔gx,gy〕=gradient(F)	求函数 F 的数值梯度,x 方向与 y 方向相邻两点的间距为 1
〔gx,gy〕=gradient(F,H)	求函数 F 的数值梯度,x 方向与 y 方向相邻两点的间距为 H
〔gx,gy〕=gradient(F,Hx,Hy)	求函数 F 的数值梯度,x 方向相邻两点的间距为 H_x,y 方向相邻两点的间距为 H_y
〔gx,gy,...〕=gradient(F,...)	用法和上面的函数用法类似,只不过自变量数为 n,在 F 后可指定每个自变量的间距
〔nx,ny,nz〕=surfnorm(X,Y,Z)	给出 (X,Y,Z) 所表示曲面的法线

应用实例7.16 计算多元函数的梯度。表 7-6 所列为某曲面上的一些离散点数据,求在每点处曲面沿 x 方向和 y 方向的数值梯度和法矢量。

表 7-6 某曲面上的一些离散点数据

x	1	1.2	1.4	2.3	5
y	0	-0.6	3	4	2
z	-1	7	7.2	9	1.4

程序 7.16

```
function c16( )
clear all; close all;
F=[1 1.2 1.4 2.3 5; 0 -0.6 3 4 2;-1 7 7.2 9 1.4];
[gx,gy]=gradient(F) %  计算梯度
n=surfnorm(F) %  计算法向量
```

在 Matlab 命令窗口输入

```
>> c16
```

回车得到

```
gx=
    0.2000    0.2000    0.5500    1.8000    2.7000
   -0.6000    1.5000    2.3000   -0.5000   -2.0000
    8.0000    4.1000    1.0000   -2.9000   -7.6000
gy=
   -1.0000   -1.8000    1.6000    1.7000   -3.0000
   -1.0000    2.9000    2.9000    3.3500   -1.8000
   -1.0000    7.6000    4.2000    5.0000   -0.6000
n=
   -0.1400   -0.0304   -0.4661   -0.8739   -0.6404
    0.8858   -0.4393   -0.5999    0.1416    0.8619
   -0.9930   -0.3153   -0.1761    0.3960    0.9955
```

3. 雅可比函数

多元函数的雅可比矩阵是非常重要的概念,多元函数的积分、矩阵微积分以及坐标变换都要用到。在 Matlab 中,用 jacobian 函数可以求出雅可比矩阵,常见用法为

$$j=jacobian(F,V)$$

它计算向量 F 对向量 V 的雅可比矩阵。

应用实例 7.17 计算向量函数 $F=[x^2,\sin(xyz),e^t]^T$ 关于自变量 x、y、z 和 t 的雅可比矩阵。

程序 7.17

```
function c17( )
clear all; close all;
```

```
syms x y z t;
F=[x^2 sin(x*y*z) exp(t)];
V=[x y z t];
j=jacobian(F,V)
```

在 Matlab 命令窗口输入

```
>> c17
```

回车得到

```
j=
[       2*x,              0,              0,            0]
[ y*z*cos(x*y*z), x*z*cos(x*y*z), x*y*cos(x*y*z), 0]
[       0,              0,              0,        exp(t)]
```

本例中，**F** 是向量函数，它有三个分量，每个分量都是自变量 x、y、z 和 t 的函数，因此 **F** 对自变量的雅可比矩阵是 3 行 4 列的。

7.8　数值求导公式

借助插值理论与数值积分，可以得到以下几种数值求导公式。

7.8.1　向前差分、向后差分与中心差分公式

函数 $f(x)$ 在点 x 的导数定义为

$$f'(x)=\lim_{h\to 0}\frac{f(x+h)-f(x)}{h}=\lim_{h\to 0}\frac{f(x)-f(x-h)}{h}=\lim_{h\to 0}\frac{f(x+h)-f(x-h)}{2h}$$

在实际应用中，把很小的有限的 h 值代入右边的式子可得到导数的近似值，进而得到牛顿向前差分、向后差分以及中心差分公式。从表面上看，似乎 h 越小，得到的结果越精确。其实不然。当 h 非常小时，$f(x+h)$、$f(x)$ 和 $f(x-h)$ 非常接近，在计算机上直接相减会造成有效数字位数的损失，因此 h 值也不能太小。

应用实例 7.18　采用牛顿向前差分、向后差分以及中心差分公式计算 $f=\sqrt{x}$ 在 $x=4$ 点处的导数值。

程序 7.18

```
function c18( )
clear all; close all;
x0=4;
```

```
h=0.1;
disp('向前差分公式计算结果为:')
df1=difference(x0,h,1)
disp('向后差分公式计算结果为:')
df2=difference(x0,h,2)
disp('中心差分公式计算结果为:')
df3=difference(x0,h,3)
function df=difference(x0,h,type)
% x0 为求导点
% h 为离散步长
y0=myfun(x0);
y1=myfun(x0+h);
y_1=myfun(x0-h);
switch type
case 1
df=(y1-y0)/h;
case 2
df=(y0-y_1)/h;
case 3
df=(y1-y_1)/2/h;
end
return
function f=myfun(x)
f=sqrt(x);
return
```

在 Matlab 命令窗口输入

```
>> c18
```

回车得到

向前差分公式计算结果为:
df1=

　　　0.2485
向后差分公式计算结果为:
df2=

    0.2516

中心差分公式计算结果为：

df3=

    0.2500

    本例中，$f=\sqrt{x}$ 在 $x=4$ 点处的导数精确值为 0.25，牛顿向前差分和向后差分公式得到的结果分别为 0.2485 和 0.2516，中心差分公式求得的导数值是 0.25。由此可见，中心差分公式的精度高于向前差分和向后差分公式的精度。通过误差分析可知，牛顿向前和向后差分公式的误差均为 $O(h)$，牛顿中心差分公式的精度为 $O(h^2)$，从理论上也验证了这一点。

7.8.2　三点公式

    由泰勒展开可得到函数 $f(x)$ 在点 x_0 的三点差分公式。

    (1) 等距牛顿向前三点差分公式：

$$f'(x_0) \approx \frac{-3y_0 + 4y_1 - y_2}{2h}$$

    (2) 等距牛顿向后三点差分公式：

$$f'(x_0) \approx \frac{3y_0 - 4y_{-1} + y_{-2}}{2h}$$

    (3) 等距斯特林三点差分公式：

$$f'(x_0) \approx \frac{y_1 - y_{-1}}{2h}$$

其中，$y_0 = f(x_0)$，$y_1 = f(x_0 + h)$，$y_2 = f(x_0 + 2h)$，$y_{-1} = f(x_0 - h)$，$y_{-2} = f(x_0 - 2h)$。

    同理，在泰勒展开式中取更多的项，可以得到五点差分公式、七点差分公式等，这里不再详述。

    应用实例 7.19　采用三点差分公式求函数 $f(x)=\cos x$ 在 $x=2$ 点处的导数。

    程序 7.19

```
function c19( )
clear all; close all;
x0=2;
h=0.1;
disp('向前三点差分公式计算结果为:')
df1=threepoint(x0,h,1)
disp('向后三点差分公式计算结果为:')
df2=threepoint(x0,h,2)
disp('斯特林三点差分公式计算结果为:')
```

```
df3=threepoint(x0,h,3)
function df=threepoint(x0,h,type)
% x0 为求导点
% h 为离散步长
y0=myfun(x0);
y1=myfun(x0+h);
y2=myfun(x0+2*h);
y_1=myfun(x0-h);
y_2=myfun(x0-2*h);
switch type
case 1
df=(-3*y0+4*y1-y2)/2/h;
case 2
df=(3*y0-4*y_1+y_2)/2/h;
case 3
df=(y1-y_1)/2/h;
end
return
function f=myfun(x)
f=cos(x);
return
```

在 Matlab 命令窗口输入

```
>> c19
```

回车得到

向前三点差分公式计算结果为:
df1=
　　　-0.9122
向后三点差分公式计算结果为:
df2=
　　　-0.9124
斯特林三点差分公式计算结果为:
df3=
　　　-0.9078

本例中，$f(x)=\cos x$ 在 $x=2$ 点处的导数精确值为 -0.9093，由计算结果知这三种方法的结果十分接近，其中特斯林三点差分方法的近似效果最佳。

7.8.3 样条函数法

在 Matlab 中，样条工具箱还提供了求样条函数导数的函数，如表 7-7 所示。

表 7-7　求样条函数导数的函数用法

格　式	说　明
Y=csape(x,y,conds,valconds)	构造各种边界条件下的三次插值样条函数，其中 conds 指定插值的边界条件
FY=fnder(Y)	对样条函数进行微分

表 7-7 中，conds 的选项如下：

（1）complete：给定端点的斜率，斜率大小在 valconds 中给出；

（2）not-a-knot：两个端点存在三阶连续导数；

（3）periodic：给定周期特性；

（4）second：给定端点的二阶导数，大小在 valconds 中给出；

（5）variational 和 vadahonal：给定端点的二阶导数，且大小为 0。

应用实例 7.20　采用样条函数法求表 7-8 所列数据点的数值导数。

表 7-8　某实验中的观测数据

x	0	0.5	1	1.5	2	2.5	3
y	0	0.25	1	1.25	4	6.25	9

程序 7.20

```
function c20( )
clear all; close all;
x=0:0.5:3;
y=[0 0.25 1 2.25 4 6.25 9];
Y=csape(x,y,'second',[2,2]);
df=fnder(Y);
df.coefs
```

在 Matlab 命令窗口输入

```
>> c20
```

回车得到

```
ans=
        0    2.0000         0
        0    2.0000    1.0000
        0    2.0000    2.0000
        0    2.0000    3.0000
        0    2.0000    4.0000
        0    2.0000    5.0000
        0    2.0000    6.0000
```

　　计算所得的最终结果保存在 df. coefs 中,其中,最右边一列为一阶导数值,中间一列为二阶导数值,最左边一列为三阶导数值。很明显,表中的数据来自函数 $f(x)=x^2$,它在点 $x=0,0.5,1,1.5,2,2.5,3$ 处的一阶导数值理论上依次是 $0,1,2,3,4,5,6$,二阶导数值均为 2,三阶导数值均为 0。从计算结果可以看出,得到的一阶、二阶和三阶导数值都和理论值相同。

7.8.4　辛普森数值微分法

　　辛普森数值微分法可用来求等距节点处的导数值,其数值微分公式为

$$
\begin{bmatrix}
4 & 1 & & & \\
1 & 4 & 1 & & \\
& \ddots & \ddots & \ddots & \\
& & 1 & 4 & 1 \\
& & & 1 & 4
\end{bmatrix}
\begin{bmatrix}
f'(x_1) \\
f'(x_2) \\
f'(x_3) \\
\vdots \\
f'(x_{n-1})
\end{bmatrix}
=
\begin{bmatrix}
\dfrac{3(y_2-y_0)}{h}-f'(x_0) \\[2mm]
\dfrac{3(y_3-y_1)}{h} \\[2mm]
\dfrac{3(y_4-y_2)}{h} \\[2mm]
\vdots \\[2mm]
\dfrac{3(y_n-y_{n-2})}{h}-f'(x_n)
\end{bmatrix}
$$

其中 $y_i=f(x_i)$,$x_i=x_0+ih$。

　　如果端点导数值 $f'(x_0)$ 与 $f'(x_n)$ 未知,可以由中点微分公式得到它们的近似值。此时,辛普森数值微分公式为

$$
\begin{bmatrix}
2 & 0 & & & \\
1 & 4 & 1 & & \\
& \ddots & \ddots & \ddots & \\
& & 1 & 4 & 1 \\
& & & 0 & 2
\end{bmatrix}
\begin{bmatrix}
f'(x_1) \\
f'(x_2) \\
f'(x_3) \\
\vdots \\
f'(x_{n-1})
\end{bmatrix}
=
\begin{bmatrix}
\dfrac{y_2-y_0}{h} \\[2mm]
\dfrac{3(y_3-y_1)}{h} \\[2mm]
\dfrac{3(y_4-y_2)}{h} \\[2mm]
\vdots \\[2mm]
\dfrac{y_n-y_{n-2}}{h}
\end{bmatrix}
$$

应用实例 7.21 分别采用 5 个、10 个、100 个离散点的辛普森数值微分法求函数 $f(x)=e^x$ 在 $x=2.5$ 处的一阶导数值。

程序 7.21

```
function c21( )
clear all; close all;
x0=2.5;
h=0.1;
df1=clsimpson(x0,5,h)
df2=clsimpson(x0,10,h)
df3=clsimpson(x0,100,h)
function df=clsimpson(x0,n,h)
% 辛普森数值微分法求已知函数在 x0 点的导数值
% n:已知函数离散的数据点数
% h:为离散步长
for i=1:n
if mod(n,2)==0
y(i)=myfun(x0+(i-n/2)*h);
else
y(i)=myfun(x0+(i-(n+1)/2)*h);
end
end
f(1)=(y(3)-y(1))/(2*h);
f(2)=(y(n)-y(n-2))/(2*h); % 用中心微分法给出端点的导数值
b(1:n-2,1)=zeros(n-2,1);
b(1,1)=3*(y(3)-y(1))/h-f(1);
b(n-2,1)=3*(y(n)-y(n-2))/h-f(2);
for i=2:n-3
b(i,1)=3*(y(i+2)-y(i))/h;
end
for i=1:n-2
for j=1:n-2
if abs(i-j)==1
A(i,j)=1;
else if i==j
```

```
A(i,j)=4;
end
end
end
end
[Q,R]=qr(A);
DF=R\(Q\b);
if mod(n,2)==0
df=DF(n/2);
else
df=DF((n+1)/2);
end
return
function f=myfun(x)
f=exp(x);
return
```

在 Matlab 命令窗口输入

```
>> c21
```

回车得到

```
df1=
    13.8179
df2=
    13.4528
df3=
    13.4637
```

采用 5 个、10 个、100 个离散点的数值计算结果分别为 13.8179、13.4528、13.4637,其理论结果为 $e^{2.5}=12.1825$。

辛普森数值微分公式的缺点在于:如果端点的一阶导数值没有给定,采用中点微分公式去近似端点处的一阶导数值,其精度比较低。另外,当端点处的一阶导数值未知时,也可以采用其他高精度的方法来近似端点处的一阶导数值。

注:辛普森数值微分法除了可以近似函数在给定点上的一阶导数值外,还可以用来近似离散数据点在给定点处的一阶导数值。

应用实例 7.22　采用辛普森数值微分法求表 7-9 中所列数据点在 $x=1$ 处的

一阶导数值。

表 7-9　某实验中得到的观测数据

x	0	0.5	1	1.5	2	2.5	3
y	0	0.125	1	3.375	8	15.625	27

程序 7.22

```
function c22( )
clear all; close all;
x=0:0.5:3;
y=[0 0.125 1 3.375 8 15.625 27];
n=length(x);
df=disimpson(x,y,n,3)
function df=disimpson(X,Y,n,p)
% 辛普森数值微分法求 n 个数据在 x0 点的导数值
% X: 离散数据 x 的坐标向量
% Y: 离散数据 y 的坐标向量
% n:数据点的个数
% p:求第 p 个点处的导数
h=X(2)-X(1);
xx=linspace(X(1),X(n),n);
if xx~=X
disp('节点之间不是等距的');
return
end
f(1)=(Y(3)-Y(1))/(2*h);
f(2)=(Y(n)-Y(n-2))/(2*h); % 用中心微分法给出端点的导数值
b(1,1)=3*(Y(3)-Y(1))/h-f(1);
b(n-2,1)=3*(Y(n)-Y(n-2))/h-f(2);
for i=2:n-3
b(i,1)=3*(Y(i+2)-Y(i))/h;
end
for i=1:n-2
for j=1:n-2
if abs(i-j)==1
```

```
A(i,j)=1;
else if i==j
A(i,j)=4;
end
end
end
end
[Q,R]=qr(A);
DF=R\(Q\b);
if p==1
df=f(1);
else
df=DF(p-1);
end
return
```

在 Matlab 命令窗口输入

```
>> c22
```

回车得到

```
df=
      3.0308
```

数值计算结果为 3.0308。显然,表格中的数据是按照 $f(x)=x^3$ 给定的,函数 $f(x)=x^3$ 在 $x=1$ 处的一阶导数值为 3,辛普森数值微分法的效果还是比较好的。

7.8.5　理查森外推微分法

理查森外推微分法的迭代公式为

$$G_n(h)=\frac{f(x+h/2)-f(x-h/2)}{h}$$

$$G_{n+1}(h)=\frac{G_n(h/2)-(1/2)^{2n}G_n(h)}{1-(1/2)^{2n}},\quad n=1,2,\cdots$$

当迭代步数充分大时,$G(h)$ 收敛到 $f'(x)$。此算法是一种金字塔式的算法,底层是 $G_1(h),G_1(h/2),\cdots,G_1(h/2^n)$,第二层是 $G_2(h),G_2(h/2),\cdots,G_2(h/2^{n-1})$,顶层是 $G_{n-1}(h)$。

应用实例 7.23　采用理查森外推微分法求函数 $f(x)=2^x$ 在 $x=1$ 处的一阶

导数值。

程序 7.23

```
function c23( )
clear all; close all;
x0=1;
h=1;
df=richason(x0,h,10)
function df=richason(x0,h,n)
% 理查森外推微分法求已知函数在 x0 点的导数值
% n:已知函数离散的数据点数
% h:为离散步长
for i=1:n
y1=myfun(x0+h/(2^i));
y2=myfun(x0-h/(2^i));
G(i)=2^(i-1)*(y1-y2)/h; % 求金字塔的底层值
end
G1=G;
for i=1:n-1
for j=i+1:n
G1(j)=(G(j)-(0.5)^(2*i)*G(j-1))/(1-(0.5)^(2*i)); %  求金字塔的每层值
end
G=G1;
end
df=G(n);
return
function f=myfun(x)
f=2^x;
return
```

在 Matlab 命令窗口输入

```
>> c23
```

回车得到

```
df=
    1.3863
```

　　函数 $f(x)=2^x$ 在 $x=1$ 处的一阶导数准确值为 $2\ln2=1.3863$。经过大量实验发现,对于各种函数,理查森外推微分法都能达到很高的精度。

本 章 小 结

　　数值积分与数值微分在工程中有着很广泛的应用,而能够求出具体的积分与微分表达式的情况很少,因此发展出很多高精度的数值积分与数值微分算法。对于奇异积分与高阶导数的处理,数值微积分也有了很大的进步。

第8章 常微分方程求解

常微分方程作为微分方程的基本类型之一，在自然界和工程界都有着广泛的应用。很多问题的数学表述都可以归结为常微分方程的定解问题。很多偏微分方程问题，也可以化为常微分方程问题来求其近似解。Matlab 中提供的函数可以实现部分常微分方程的解析求解和数值求解，也可以通过编程实现一些常见的数值解法。

本章主要介绍以下一阶常微分方程初值问题的求解方法：

$$\begin{cases} y' = g(x,y), & a \leqslant x \leqslant b \\ y(x_0) = y_0 \end{cases} \tag{8-1}$$

其中，x 为自变量，y 为 x 的函数。方程（8-1）的解析解为 $y = f(x,y)$，该解满足 $y' = f'(x,y) = g(x,y)$ 及初值条件 $y(x_0) = f(x_0,y_0) = y_0$。

8.1 Matlab 中的求解函数

当常微分方程能够解析求解时，可使用 Matlab 的符号工具箱中 dsolve 函数找到其精确解。当常微分方程难以获得解析解时，可使用 Matlab 的常微分方程求解器 solver 得到其数值解。

8.1.1 符号求解函数

Matlab 中常微分方程符号求解函数 dsolve 的基本用法为

dsolve('equation','condition')

其中，equation 代表常微分方程 $y' = g(x,y)$，必须以 Dy 表示一阶微分项 y'，D2y 表示二阶微分项 y''，condition 则为初始条件。

dsolve 函数可用来求解符号常微分方程（组）。如果没有初始条件，则求出通解；如果有初始条件，则求出特解。需注意以下几点：

（1）dsolve('equation') 给出常微分方程的解析解，其解析解为 t 的函数；

（2）dsolve('equation','condition') 给出常微分方程初值问题的解析解，其解析解为 t 的函数；

（3）dsolve('equation','v') 给出常微分方程的解析解，其解析解为 v 的函数；

（4）dsolve('equation','condition','v') 给出常微分方程初值问题的解析解，其解析解

为 v 的函数。

应用实例 8.1　计算常微分方程 $y'+3xy=xe^{-x^2}$ 的通解。

程序 8.1

```
function c1( )
% 求常微分方程的通解
clear all; close all;
dsolve('Dy+3*x*y=x*exp(-x^2)')
dsolve('Dy+3*x*y=x*exp(-x^2)','x')
```

在 Matlab 命令窗口输入

```
>> c1
```

回车得到

```
ans=
      (exp(-x^2)*(C3*exp(-3*t*x)+1))/3
ans=
      C5*exp(-(3*x^2)/2)+exp(x^2/2)*exp(-(3*x^2)/2)
```

由于系统默认解析解的自变量为 t，因此命令 dsolve('Dy+3*x*y= x*exp(-x^2)')的输出结果为 (exp(-x^2)*(C3*exp(-3*t*x)+1))/3，此时系统把 x 作为常数，把 y 作为 t 的函数来求解。命令 dsolve('Dy+3*x*y= x*exp(-x^2)','x')指定 x 为自变量，把 y 作为 x 的函数来求解。显然，方程的正确通解为 $y=e^{-x^2}+C_1e^{-\frac{3}{2}x^2}$，其中 C_1 为任意常数。

应用实例 8.2　计算常微分方程初值问题 $\begin{cases} xy'+2y-e^x=0 \\ y(1)=2e \end{cases}$ 的特解。

程序 8.2

```
function c2( )
% 求常微分方程的特解
clear all; close all;
dsolve('x*Dy+2*y-exp(x)=0','y(1)=2*exp(1)','x')
```

在 Matlab 命令窗口输入

```
>> c2
```

回车得到

```
ans=
```

(2*exp(1))/x^2+(exp(x)*(x-1))/x^2

方程的特解为 $y=\dfrac{(x-1)\mathrm{e}^x+2\mathrm{e}}{x^2}$。

应用实例 8.3　计算常微分方程 $y''+2y'+\mathrm{e}^x=0$ 的通解。

程序 8.3

```
function c3( )
% 求常微分方程的通解
clear all; close all;
dsolve('D2y+2*Dy+exp(x)=0','x')
```

在 Matlab 命令窗口输入

```
>> c3
```

回车得到

```
ans=
    C3-exp(x)/3+C4*exp(-2*x)
```

方程的通解为 $y=-\dfrac{1}{3}\mathrm{e}^x+C_1\mathrm{e}^{-2x}+C_2$，其中 C_1、C_2 为任意常数。

8.1.2　求解器

在求解常微分方程数值解方面，Matlab 中的函数统一称为求解器 solver，其基本用法为

[T,Y]= solver('odefun','tspan','y0')

其中，odefun 代表显式常微分方程 $y'=g(x,y)$ 中的 $g(x,y)$，tspan 为求解区间，初始条件为 y0。若要获得常微分方程在指定点 $x_0,x_1,\cdots$ 上的解，可指定 tspan$=x_0,x_1,$ $\cdots$，此处要求数列 $x_0,x_1,\cdots$ 单调。

求解器 solver 为函数 ode45,ode23,ode113,ode15s,ode23s,ode23t,ode23tb 之一，其中，ode45,ode23,ode113 可用于求解非刚性常微分方程，ode15s,ode23s,ode23t,ode23tb 可用于求解刚性常微分方程，这些函数的特点如表 8-1 所示。

通常，函数 ode45 是求解非刚性常微分方程的首选方法。但若使用函数 ode45 长时间没有结果，则要解决的常微分方程是刚性的，需换用函数 ode23 来求解。函数 ode45 比函数 ode23 精度稍高。然而，在同一时间内，函数 ode45 每时间步至少调用 6 次，函数 ode23 每时间步至少调用 3 次。

表 8-1　求解器 solver 用法

solver	功　能	说　明
ode45	一步算法:四阶、五阶龙格-库塔算法,截断误差为$(\Delta x)^5$	大部分场合的首选算法
ode23	一步算法:二阶、三阶龙格-库塔算法,截断误差为$(\Delta x)^3$	用于精度要求较低的情况
ode113	多步算法:Adams 算法,精度可达到$10^{-6} \sim 10^{-3}$	计算时间比 ode45 短
ode15s	梯形算法	用于刚性适度的情况
ode23s	多步算法:低阶方法,使用修正的 Rosenbrock 公式	若 ode45 求解失效,可尝试使用
ode23t	一步算法:使用自由内插法的梯形算法,精度低	用于精度要求较低时,计算时间比 ode15s 短
ode23tb	龙格-库塔公式的第一级采用梯形算法,第二级采用 Gear 法,低阶方法	用于精度要求较低时,计算时间比 ode15s 短

　　正如使用高阶多项式内插常常得不到最好的结果一样,函数 ode45 也并不总比函数 ode23 效果好。如果函数 ode45 产生的结果作图间隔太大,则必须在更细的时间区间内对数据进行内插,这个附加时间点会使函数 ode23 更有效。一般来说,在所计算的导数中,如有重复的不连续点,为保持精度而使高阶算法时间步长减小,这时低阶算法更有效。

　　采用求解器 solver 求解常微分方程的一般步骤如下:

　　(1) 将微分方程及其初值条件写为

$$F(y, y', y'', \cdots, y^{(n)}, x) = 0$$

$$y(0) = y_0, \quad y'(0) = y_1, \quad \cdots, \quad y^{(n-1)}(0) = y_{n-1}$$

将上式改写为向量形式 $\boldsymbol{y} = [y, y', y'', \cdots, y^{(n-1)}]^{\mathrm{T}}$。

　　(2) 运用变量代换 $y_n = y^{(n-1)}, y_{n-1} = y^{(n-2)}, \cdots, y_2 = y', y_1 = y$,把高于 2 阶的微分方程写成一阶微分方程组:

$$\boldsymbol{y}' = \begin{bmatrix} y'_1 \\ y'_2 \\ \vdots \\ y'_n \end{bmatrix} = \begin{bmatrix} g_1(x, y) \\ g_2(x, y) \\ \vdots \\ g_n(x, y) \end{bmatrix}$$

相应的初始条件为

$$\boldsymbol{y}_0 = \begin{bmatrix} y_1(0) \\ y_2(0) \\ \vdots \\ y_n(0) \end{bmatrix} = \begin{bmatrix} y_0 \\ y_1 \\ \vdots \\ y_{n-1} \end{bmatrix}$$

（3）根据上两步的结果，编写能计算函数导数的 M 文件 odefile。将 odefile 与初始条件传递给求解器 solver 中的一个，运行后就得到常微分方程在指定区间上的解 y，包括 y 及其各阶导数。

应用实例 8.4　采用函数 ode45 求解下列带初值条件的微分方程组：

$$\begin{cases} y'_1 = y_2 y_3 \\ y'_2 = -y_1 y_3 \\ y'_3 = 0.51 y_1 y_2 \end{cases}$$

其初值条件为

$$\begin{cases} y_1(0) = 0 \\ y_2(0) = 1 \\ y_3(0) = 1 \end{cases}$$

程序 8.4

```
function c4( )
% 用求解器 solver 求解常微分方程组
clear all; close all;
options=odeset('RelTol',1.0e-6,'AbsTol',[1.0e-6 1.0e-6 1.0e-6]);
[X,Y]=ode45(@ myfun,[0 12], [0 1 1],options);
plot(X,Y(:,1),'-',X,Y(:,2),'-.',X,Y(:,3),'.')
legend('y1','y2','y3')
function dy=myfun(x,y)
dy=zeros(3,1);
dy(1)=y(2)*y(3);
dy(2)=-y(1)*y(3);
dy(3)=-0.51*y(1)*y(2);
```

在 Matlab 命令窗口输入

```
>> c4
```

回车得到的图形如图 8-1 所示。

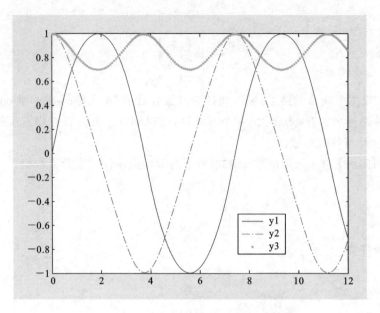

图 8-1　应用实例 8.4 常微分方程数值解图形

8.2　简单的数值方法

本节介绍求解常微分方程的简单数值方法,包括欧拉法、后退欧拉法和改进欧拉法。

8.2.1　欧拉法

欧拉法(也称显式欧拉法或简单欧拉法)是一种简单有效的常微分方程数值解法,其基本原理如下:

常微分方程(8-1)在点 x_n 处满足 $y'(x_n) = f(x_n, y(x_n))$,利用向前差商近似代替导数

$$y'(x_n) \approx \frac{y(x_{n+1}) - y(x_n)}{x_{n+1} - x_n} = \frac{y(x_{n+1}) - y(x_n)}{h}$$

可以得到 $y(x_{n+1}) \approx y(x_n) + h f(x_n, y(x_n))$,其中 $h = x_{n+1} - x_n$。将 $y(x_n)$ 和 $y(x_{n+1})$ 分别用近似值 y_n 及 y_{n+1} 替换,可得到欧拉法的递推公式

$$y_{n+1} = y_n + h f(x_n, y_n)$$

欧拉算法的基本过程如下:

(1) 给出自变量 x 的计算区域 $[a,b]$、初始值 y_0 和步长 h;

(2) 对 $k = 0, 1, \cdots, (b-a)/h$,计算

$$y_{k+1} = y_k + h f(x_k, y_k)$$

应用实例 8.5 采用欧拉法求解下列带初值条件的常微分方程：

$$\begin{cases} y' = \sin x + y, & 0 \leqslant x \leqslant 2\pi \\ y(0) = 1 \end{cases}$$

程序 8.5

```
function c5( )
% 用向前差分的欧拉法求解常微分方程
clear all; close all;
x0=0;
xt=2*pi;
y0=1;
[x1,y1]=myeuler(x0,xt,y0,16);
[x2,y2]=myeuler(x0,xt,y0,32);
[x3,y3]=myeuler(x0,xt,y0,64);
y=dsolve('Dy=y+sin(t)','y(0)=1');
N=length(x1);
for k=1:N
t(k)=x1(k);
yy(k)=subs(y,t(k));
end
plot(x1,y1,'r-o',x2,y2,'b*-',x3,y3,'-h',t,yy,'*')
legend('16 点','32 点','64 点','解析解')
set(gca,'FontSize',12);
function f=myfun(x,y)
f=sin(x)+y;
return
function [outx, outy]=myeuler(x0,xt,y0,pointnum)
% fun: 常微分方程的右端项 f(x,y)
% x0: 自变量取值下限 xt: 自变量取值上限
% y0: 函数在 x0 的取值
% pointnum: 自变量在区间[x0,xt]上取的点数
% outx: 区间[x0,xt]上所取点的 x 值
% outy: 对应点上的函数值
```

在 Matlab 命令窗口输入

>> c5

回车得到的图形如图 8-2 所示。

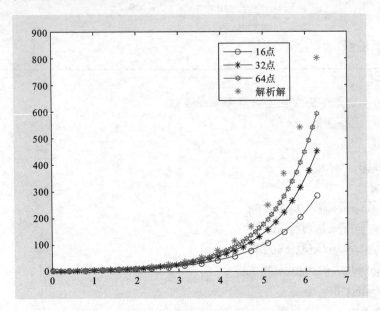

图 8-2　应用实例 8.5 常微分方程的数值解图形

由图 8-2 可知,选用的节点越多,所得数值解的精度越高。

8.2.2　隐式欧拉法

隐式欧拉法(又称后退欧拉法)也是一种单步递推算法,与上述显式欧拉法的精度都是一阶,但隐式欧拉法的稳定性更好。其基本原理如下:

常微分方程(8-1)在点 x_n 处满足 $y'(x_n)=f(x_n,y(x_n))$,利用向后差商近似代替导数

$$y'(x_n)\approx\frac{y(x_n)-y(x_{n-1})}{h}$$

可得到 $y(x_n)\approx y(x_{n-1})+hf(x_n,y(x_n))$,将 $y(x_n)$ 和 $y(x_{n-1})$ 用近似值 y_n 及 y_{n-1} 替换,可得到隐式欧拉法的递推公式,即

$$y_n=y_{n-1}+hf(x_n,y_n)$$

隐式欧拉法的右端项含有未知量 y_n,在实际计算时,对每一个节点 x_n,按照下面的格式分两步来计算:

$$\begin{cases}y_n^{(0)}=y_{n-1}+hf(x_{n-1},y_{n-1})\\y_n=y_{n-1}+hf(x_n,y_n^{(0)})\end{cases}$$

隐式欧拉法的算法过程如下:

(1) 给出自变量 x 的定义区间 $[a,b]$、初始值 y_0 和步长 h；

(2) 首先对 $n=0,1,\cdots,(b-a)/h$，用简单欧拉法计算迭代初始值

$$y_{n+1}^{(0)}=y_n+hf(x_n,y_n)$$

然后计算

$$y_{n+1}=y_n+hf(x_{n+1},y_{n+1}^{(0)})$$

应用实例 8.6　采用隐式欧拉法求解应用实例 8.5。

程序 8.6

```
function c6( )
% 用隐式欧拉法求解常微分方程
clear all; close all;
x0=0;
xt=2*pi;
y0=1;
[x1,y1]=myimpeuler(x0,xt,y0,64);
[x2,y2]=myimpeuler(x0,xt,y0,128);
y=dsolve('Dy=y+ sin(t)','y(0)=1');
N=length(x1);
for k=1:N
t(k)=x1(k);
yy(k)=subs(y,t(k));
end
plot(x1,y1,'r-o',x2,y2,'b*-',t,yy,'*')
legend('64 点','128 点','解析解')
set(gca,'FontSize',12);
function f=myfun(x,y)
f=sin(x)+y;
return
function [outx, outy]=myimpeuler(x0,xt,y0,pointnum)
% fun: 常微分方程的右端项 f(x,y)
% x0: 自变量取值下限 xt: 自变量取值上限
% y0: 函数在 x0 的取值
% pointnum: 自变量在区间[x0,xt]上取的点数
% outx: 区间[x0,xt]上所取点的 x 值
% outy: 对应点上的函数值
```

```
h=(xt-x0)/pointnum;
x=x0:h:xt;
y(1)=y0;
for i=1: pointnum
f1=myfun(x(i),y(i));
yi0=y(i)+h*f1;
y(i+1)=y(i)+h*myfun(x(i+1),yi0);
end
outy=y;
outx=x;
return
```

在 Matlab 命令窗口输入

```
>> c6
```

回车得到的图形如图 8-3 所示。

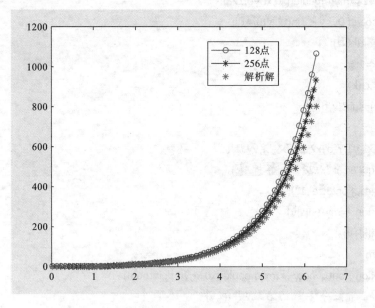

图 8-3　应用实例 8.6 常微分方程的数值解图形

由图 8-3 可知,选用的节点越多,所得数值解的精度越高。

8.2.3　改进欧拉法

改进欧拉法实际上是通过预估-校正过程对梯形公式进行修正,从而简化迭代

过程的方法。它是显式欧拉法和隐式欧拉法的折中，具有 2 阶精度。其递推公式为

$$y_{n+1} = y_n + \frac{h}{2}\big[f(x_n, y_n) + f(x_{n+1}, y_{n+1})\big]$$

因为改进欧拉法的右端项含有未知量 y_{n+1}，因此，在实际计算时需要用到迭代法。

改进欧拉法的算法过程如下：

（1）给出自变量 x 的定义区间 $[a,b]$、初始值 y_0 和步长 h；

（2）对 $n = 0, 1, \cdots, (b-a)/h$，首先计算 $y_{n+1}^{(0)} = y_n + hf(x_n, y_n)$，然后计算

$$y_{n+1} = y_n + \frac{h}{2}\big[f(x_n, y_n) + f(x_{n+1}, y_{n+1}^{(0)})\big]$$

应用实例 8.7　采用改进欧拉法求解应用实例 8.5。

程序 8.7

```
function c7( )
% 用改进欧拉法求解常微分方程
clear all; close all;
x0=0;
xt=2*pi;
y0=1;
[x1,y1]=myimpeuler(x0,xt,y0,64);
[x2,y2]=myimpeuler(x0,xt,y0,128);
y=dsolve('Dy=y+sin(t)','y(0)=1');
N=length(x1);
for k=1:N
t(k)=x1(k);
yy(k)=subs(y,t(k));
end
plot(x1,y1,'r-o',x2,y2,'b*-',t,yy,'*')
legend('64 点','128 点','解析解')
set(gca,'FontSize',12);
function f=myfun(x,y)
f=sin(x)+y;
return
function [outx, outy]=myimpeuler(x0,xt,y0,pointnum)
% fun: 常微分方程的右端项 f(x,y)
% x0: 自变量取值下限 xt: 自变量取值上限
```

```
% y0: 函数在 x0 的取值
% pointnum: 自变量在区间[x0,xt]上取的点数
% outx: 区间[x0,xt]上所取点的 x 值
% outy: 对应点上的函数值
h=(xt-x0)/pointnum;
x=x0:h:xt;
y(1)=y0;
for i=1: pointnum
f1=myfun(x(i),y(i));
yi0 =y(i)+h*f1;
y(i+1)=y(i)+h/2*(f1+myfun(x(i+1),yi0));
end
outy=y;
outx=x;
return
```

在 Matlab 命令窗口输入

```
>> c7
```

回车得到的图形如图 8-4 所示。

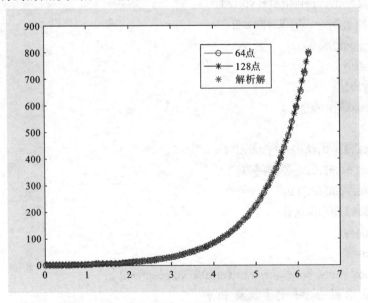

图 8-4　应用实例 8.7 常微分方程的数值解图形

由图 8-2 至图 8-4 可知,改进欧拉法得到的数值解结果最好。

8.3　龙格-库塔法

尽管改进欧拉法比简单欧拉法准确,但是对于许多实际问题,使用欧拉法仍得不到足够高精度的解。龙格-库塔法是具有高精度的单步法,常用的四阶龙格-库塔法具有 5 阶精度,其迭代公式为

$$\begin{cases} y_{n+1} = y_n + \dfrac{h}{6}(K_1 + 2K_2 + 2K_3 + K_4) \\ K_1 = f(x_n, y_n) \\ K_2 = f\left(x_n + \dfrac{h}{2}, y_n + \dfrac{h}{2}K_1\right) \\ K_3 = f\left(x_n + \dfrac{h}{2}, y_n + \dfrac{h}{2}K_2\right) \\ K_4 = f(x_n + h, y_n + hK_3) \end{cases}$$

四阶龙格-库塔法的算法过程如下:

(1) 给出自变量 x 的定义区间 $[a, b]$、初始值 y_0 和步长 h;

(2) 对 $n = 0, 1, \cdots, (b-a)/h$,计算

$$K_1 = f(x_n, y_n)$$

$$K_2 = f\left(x_n + \frac{h}{2}, y_n + \frac{h}{2}K_1\right)$$

$$K_3 = f\left(x_n + \frac{h}{2}, y_n + \frac{h}{2}K_2\right)$$

$$K_4 = f(x_n + h, y_n + hK_3)$$

$$y_{n+1} = y_n + \frac{h}{6}(K_1 + 2K_2 + 2K_3 + K_4)$$

应用实例 8.8　采用四阶龙格-库塔法求解下列带初值条件的常微分方程:

$$\begin{cases} y' = -y + 1 \\ y(0) = 0 \end{cases}$$

程序 8.8

```
function c8( )
% 用四阶龙格-库塔法求解常微分方程
clear all; close all;
x0=0;
xt=2;
y0=0;
[x1,y1]=myrungekutta(x0,xt,y0,10);
```

```
[x2,y2]=myrungekutta(x0,xt,y0,20);
N=length(x1);
for k=1:N
t(k)=x1(k);
yy(k)=1-exp(-t(k));
end
plot(x1,y1,'r-o',x2,y2,'b*-',t,yy,'*')
legend('10 点','20 点','解析解')
set(gca,'FontSize',12);
function f=myfun(x,y)
f=-y+1;
return
function [outx, outy]=myrungekutta(x0,xt,y0,pointnum)
% fun: 常微分方程的右端项 f(x,y)
% x0: 自变量取值下限 xt: 自变量取值上限
% y0: 函数在 x0 的取值
% pointnum: 自变量在区间[x0,xt]上取的点数
% outx: 区间[x0,xt]上所取点的 x 值
% outy: 对应点上的函数值
h=(xt-x0)/pointnum;
x=x0:h:xt;
y(1)=y0;
for i=1 :pointnum
f1=myfun(x(i),y(i));
f2=myfun(x(i)+h/2,y(i)+h*f1/2);
f3=myfun(x(i)+h/2,y(i)+h*f2/2);
f4=myfun(x(i)+h,y(i)+h*f3);
y(i+1)=y(i)+h*(f1+2*f2+2*f3+f4)/6;
end
outy=y;
outx=x;
return
```

在 Matlab 命令窗口输入

>> c8

回车得到的图形如图 8-5 所示。

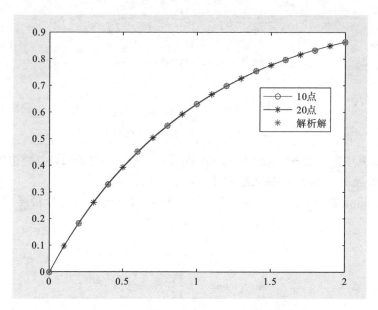

图 8-5　应用实例 8.8 常微分方程的数值解图形

显然,此方程的解析解为 $y(x)=1-e^{-x}$。从计算结果可知,用很少的节点,四阶龙格-库塔法就可以得到较好的数值结果。

8.4　预估-校正法

所谓预估-校正法,是指算法中包含两个主要过程:预估过程和校正过程。改进欧拉法就是一种简单的预估-校正法。此外,还有两种常见的预估-校正法:ABM算法(即 Matlab 中的 ode113 函数,算法具有 5 阶精度)和 Hamming 算法。

ABM 算法属于多步算法,y_{n+1} 的值由 (x_n,y_n),(x_{n-1},y_{n-1}),(x_{n-2},y_{n-2}) 和 (x_{n-3},y_{n-3}) 几个点通过预估-校正过程求得,分为以下两步进行:

(1) 用四阶的拉格朗日多项式近似得到 $f(x,y)$ 的积分,并用前四个点的 f 值表示,从而得到 y_{n+1} 的预估表达式

$$p_{n+1}=y_n+\frac{h}{24}(-9f_{n-3}+37f_{n-2}-59f_{n-1}+55f_n)$$

$$\overline{f}_{n+1}=f(x_{n+1},p_{n+1})$$

(2) 对 p_{n+1} 的预估值进行校正,得到 y_{n+1} 的校正值

$$y_{n+1}=y_n+\frac{h}{24}(f_{n-2}-5f_{n-1}+19f_n+9\overline{f}_{n+1})$$

实际上,最常用到的是改进 ABM 算法,即在上述迭代公式中加入更正公式,其算法为

$$p_{n+1}=y_n+\frac{h}{24}(-9f_{n-3}+37f_{n-2}-59f_{n-1}+55f_n)$$

$$m_{n+1}=p_{n+1}+\frac{251}{270}(c_n-p_n)$$

$$c_{n+1}=y_n+\frac{h}{24}\left[f_{n-2}-5f_{n-1}+19f_n+9f(x_{n+1},m_{n+1})\right]$$

$$y_{n+1}=c_{n+1}-\frac{19}{270}(c_{n+1}-p_{n+1})$$

Matlab 中的函数 **ode113** 就是 ABM 算法的实现。函数 **ode113** 中的迭代过程比较复杂,此处不详细叙述,感兴趣的读者可参考相关文献。

Hamming 算法是一种多步预估-校正算法,该算法具有 5 阶精度,其迭代公式为

$$p_{n+1}=y_{n-3}+\frac{4h}{3}(2f_{n-2}-f_{n-1}+2f_n)$$

$$m_{n+1}=p_{n+1}+\frac{112}{121}(c_n-p_n)$$

$$c_{n+1}=\frac{1}{8}\left[9y_n-y_{n-2}+3h(-f_{n-1}+2f_n+f(x_{n+1},m_{n+1}))\right]$$

$$y_{n+1}=c_{n+1}-\frac{9}{121}(c_{n+1}-p_{n+1})$$

应用实例 8.9　采用 ABM 算法与 Hamming 算法求解下列带初值条件的常微分方程:

$$\begin{cases} y'=-y+1, & 0\leqslant x\leqslant 10 \\ y(0)=0 \end{cases}$$

程序 8.9

```
function c9( )
% 用 Hamming 算法求解常微分方程
clear all; close all;
x0=0;
xt=10;
y0=0;
pointnum=50;
KC=1;
fun=inline('-y+1','x','y');
exact_fun=inline('1-exp(-t)','t');
[x1,y1]=ode113(fun,[x0,xt],y0);
[x2,y2]=myhamming(x0,xt,y0,pointnum,KC);
```

```
plot(x1',y1','r-o',x2,y2,'b*-')
legend('ode113 即 ABM 算法','Hamming 算法')
set(gca,'FontSize',12);
function f=myfun(x,y)
f=-y+1;
return
function [x, y]=myhamming(x0,xt,y0,pointnum,KC)
% fun: 常微分方程的右端项 f(x,y)
% x0: 自变量取值下限 xt: 自变量取值上限
% y0: 函数在 x0 的取值
% pointnum: 自变量在区间[x0,xt]上取的点数
% KC: 确定是否使用修正公式
% outx: 区间[x0,xt]上所取点的 x 值
% outy: 对应点上的函数值
h=(xt-x0)/(pointnum-1);
xt0=x0+2*h;
[x,y]=myrungekutta(x0,xt0,y0,3);
x=[x(1:3) x(4):h:xt];
p=y(4);
c=y(4);
for k=4:pointnum
p1=y(k-3)+h/3*4*(2*myfun(x(k-2),y(k-2))-myfun(x(k-1),y(k-1))...
    +2*myfun(x(k),y(k)));
m1=p1+KC*112/121*(c-p);
c1=(-y(k-2)+9*y(k))/8+3*h*(-myfun(x(k-1),y(k-1))+...
    2*myfun(x(k),y(k))+myfun(x(k+1),m1))/8;
y(k+1)=c1-KC*9/121*(c1-p1);
p=p1;
c=c1;
end
return
function [outx, outy]=myrungekutta(x0,xt,y0,pointnum)
% fun: 常微分方程的右端项 f(x,y)
% x0: 自变量取值下限 xt: 自变量取值上限
% y0: 函数在 x0 的取值
% pointnum: 自变量在区间[x0,xt]上取的点数
```

```
% outx: 区间[x0,xt]上所取点的 x 值
% outy: 对应点上的函数值
h=(xt-x0)/pointnum;
x=x0:h:xt;
y(1)=y0;
for i=1 :pointnum
f1=myfun(x(i),y(i));
f2=myfun(x(i)+h/2,y(i)+h*f1/2);
f3=myfun(x(i)+h/2,y(i)+h*f2/2);
f4=myfun(x(i)+h,y(i)+h*f3);
y(i+1)=y(i)+h*(f1+2*f2+2*f3+f4)/6;
end
outy=y;
outx=x;
return
```

在 Matlab 命令窗口输入

```
>> c9
```

回车得到的图形如图 8-6 所示。

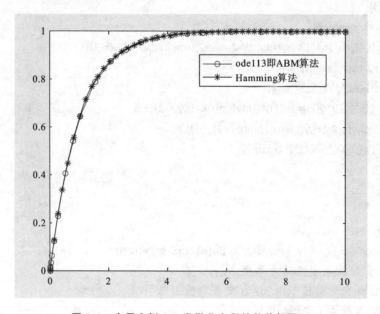

图 8-6 应用实例 8.9 常微分方程的数值解图形

显然,两种迭代方法得到的数值结果都很好。

8.5　一阶微分方程组的数值解法

考虑下列一阶常微分方程组的初值问题:

$$\begin{cases} y'_i = f_i(x, y_1, y_2, \cdots, y_m) \\ y_i(x_0) = y_{i0}, \quad i = 1, 2, \cdots, m \end{cases}$$

上述方程组也可写成向量形式

$$\begin{cases} \boldsymbol{y}' = \boldsymbol{f}(x, \boldsymbol{y}), \\ \boldsymbol{y}(x_0) = \boldsymbol{y}_0 \end{cases}$$

其中 $\boldsymbol{y} = (y_1, y_2, \cdots, y_m)$,$\boldsymbol{f} = (f_1, f_2, \cdots, f_m)$。前面章节介绍的单个微分方程的初值问题的数值解法均可用于求解一阶微分方程组,下面以经典 R-K 方法为例。经典 R-K 方法的迭代公式为

$$\begin{cases} \boldsymbol{y}_{n+1} = \boldsymbol{y}_n + \dfrac{h}{6}(\boldsymbol{K}_1 + 2\boldsymbol{K}_2 + 2\boldsymbol{K}_3 + \boldsymbol{K}_4) \\ \boldsymbol{K}_1 = \boldsymbol{f}(x_n, \boldsymbol{y}_n) \\ \boldsymbol{K}_2 = \boldsymbol{f}\left(x_n + \dfrac{h}{2}, \boldsymbol{y}_n + \dfrac{h}{2}\boldsymbol{K}_1\right) \\ \boldsymbol{K}_3 = \boldsymbol{f}\left(x_n + \dfrac{h}{2}, \boldsymbol{y}_n + \dfrac{h}{2}\boldsymbol{K}_2\right) \\ \boldsymbol{K}_4 = \boldsymbol{f}(x_n + h, \boldsymbol{y}_n + h\boldsymbol{K}_3) \end{cases}$$

应用实例 8.10　采用经典 R-K 方法求解下列带初值条件的常微分方程组:

$$\begin{cases} y'_1 = 3y_1 + 2y_2 \\ y'_2 = 4y_1 + y_2 \\ y_1(0) = 0 \\ y_2(0) = 1, \quad 0 \leqslant x \leqslant 0.2 \end{cases}$$

程序 8.10

```
function c10( )
% 用经典 R-K 方法求解常微分方程组
clear all; close all;
x0=0;
xt=0.2;
y0=[0;1];
[x1,y1]=myrungekutta(x0,xt,y0,30);
```

```matlab
plot(x1,y1(1,:),'r-o',x1,y1(2,:),'b*-')
legend('y_1(x)','y_2(x)')
set(gca,'FontSize',12);
function f=myfun(x,y)
f=[3*y(1)+2*y(2); 4*y(1)+y(2)];
return
function [outx, outy]=myrungekutta(x0,xt,y0,pointnum)
% fun: 常微分方程的右端项 f(x,y)
% x0: 自变量取值下限  xt: 自变量取值上限
% y0: 函数在 x0 的取值
% pointnum: 自变量在区间[x0,xt]上取的点数
% outx: 区间[x0,xt]上所取点的 x 值
% outy: 对应点上的函数值
h=(xt-x0)/pointnum;
x=x0:h:xt;
y=zeros(2,length(x));
y(1,1)=y0(1,1);
y(2,1)=y0(2,1);
for i=1 :pointnum
f1=myfun(x(i),y(:,i));
f2=myfun(x(i)+h/2,y(:,i)+h*f1/2);
f3=myfun(x(i)+h/2,y(:,i)+h*f2/2);
f4=myfun(x(i)+h,y(:,i)+h*f3);
y(:,i+1)=y(:,i)+h*(f1+2*f2+2*f3+f4)/6;
end
outy=y;
outx=x;
return
```

在 Matlab 命令窗口输入

```matlab
>> c10
```

回车得到的图形如图 8-7 所示。

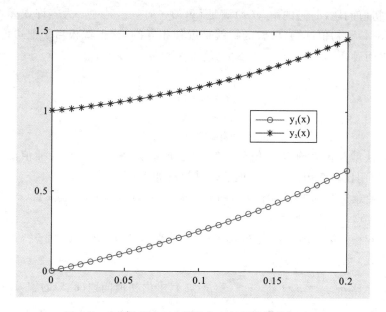

图 8-7　应用实例 8.10 常微分方程组的数值解图形

8.6　边值问题的数值方法

常微分方程的两点边值问题形式如下：

$$\begin{cases} y''=f(x,y,y') \\ y(a)=\alpha \\ y(b)=\beta \end{cases} \tag{8-2}$$

当函数 f 关于 y 和 y' 是线性函数时,方程(8-2)即线性两点边值问题

$$\begin{cases} y''+p(x)y'+q(x)y=f(x) \\ y(a)=\alpha \\ y(b)=\beta \end{cases} \tag{8-3}$$

8.6.1　打靶法

打靶法的原理是通过变量代换 $z=y'$,将方程(8-2)转化成一阶微分方程组

$$\begin{cases} y'=z \\ z'=f(x,y,z) \\ y(a)=\alpha \\ y(b)=\beta \end{cases} \tag{8-4}$$

边值问题(8-4)与初值问题的不同之处在于边值问题(8-4)中 $z(a)$ 的值未知,取代的是 $y(b)=\beta$,否则可直接通过求解器odesolver数值求解。假设可以确定一个

值 m，使初值问题(8-5)的解 $y(x)$ 满足 $|y(b)-\beta|<\varepsilon$，其中 ε 为容许误差，那么边值问题(8-4)和初值问题(8-5)的解就是近似相等的，这也就相当于把边值问题转化成初值问题。

$$\begin{cases} y'=z \\ z'=f(x,y,z) \\ y(a)=\alpha \\ z(a)=m \end{cases} \tag{8-5}$$

打靶法就是用来确定 m 值的。修正 m 值的方法可以是线性插值法、牛顿法等，这里使用比较简单的线性插值法。其过程如下：

(1) 随意选取 m 的起始值 m_1 和 m_2，求出初值问题(8-5)的解 $y_1(x)$ 和 $y_2(x)$ 对应的 $y_1(b)=\beta_1$、$y_2(b)=\beta_2$。

(2) 若 $|y_1(b)-\beta|<\varepsilon$，则 $y(x)=y_1(x)$；若 $|y_2(b)-\beta|<\varepsilon$，则 $y(x)=y_2(x)$；若均不满足，则修正 m 的值。

(3) 计算 $m_{n+2}=m_n+\dfrac{m_{n+1}-m_n}{\beta_{n+1}-\beta_n}(\beta-\beta_n)$，求出初值问题(8-5)的解 $y(x)$。

(4) 若 $|y(b)-\beta|<\varepsilon$，则迭代终止；若不满足，则返回步骤(3)修正 m 的值，直到 $|y(b)-\beta|<\varepsilon$，此时 $y(x)$ 就是数值解。

应用实例 8.11 用打靶法求解下列带边值条件的常微分方程：

$$\begin{cases} y''+|y|=0, \quad 0<x<4 \\ y(0)=0 \\ y(4)=-2 \end{cases}$$

程序 8.11

```
function c11( )
% 用打靶法求解常微分方程边值问题
clear all; close all;
n=0;
m(1)=1;
al=0;
be=-2;
while n==0 || abs(betaa(n)-be)>=1e-6
n=n+1;
[x,usol]=ode45(@ myfun,[0 4],[al m(n)]);
betaa(n)=usol(end,1);
if n==1
m(2)=m(1)-0.1;
```

```
else
m(n+1)=m(n-1)+(m(n)-m(n-1))*(be-betaa(n-1))/(betaa(n)-betaa(n-1));
end
end
plot(x,usol(:,1),'r-o');
legend('y(x)')
set(gca,'FontSize',12);
function du=myfun(x,u)
du=[u(2);-abs(u(1))];
return
```

在 Matlab 命令窗口输入

```
>> c11
```

回车得到的图形如图 8-8 所示。

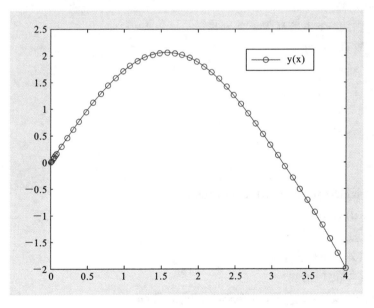

图 8-8　应用实例 8.11 常微分方程的数值解图形

8.6.2　有限差分法

有限差分法是求解边值问题的一种基本数值方法,其基本思想是利用差商代替微商,将微分方程离散化为线性或非线性的方程组进行求解。在方程(8-2)中,先将求解区间 $[a,b]$ 分成 n 等分, $h=(b-a)/n$ 为步长,在分点 x_k 处,利用一阶中心差商和二阶中心差商分别近似代替一阶导数和二阶导数,建立差分方程,通过求解方程组得到原微分方程的数值解。

有限差分法解方程(8-2)的算法过程如下:

(1) 在任一离散点 $x_k (k=1,2,\cdots,n-1)$ 处都有 $y''(x_k)=f(x_k,y(x_k)$, $y'(x_k))$,用 $\dfrac{y(x_{k+1})-y(x_{k-1})}{2h}$ 代替 $y'(x_k)$, $\dfrac{y(x_{k+1})-2y(x_k)+y(x_{k-1})}{h^2}$ 代替 $y''(x_k)$,并将边值条件代入,可得到关于 $y_1,y_2,\cdots,y_{n-1}$ 的 $n-1$ 个方程。

(2) 求解差分方程,得到 $y_1,y_2,\cdots,y_{n-1}$。

应用实例 8.12　采用有限差分法求解下列带边值条件的常微分方程:

$$\begin{cases} y''-y'=-2\sin x \\ y(0)=-1 \\ y\left(\dfrac{\pi}{2}\right)=1 \end{cases}$$

程序 8.12

```
function c12( )
% 用有限差分法求解常微分方程
clear all; close all;
format long
x0=0;
xt=pi/2;
pointnum=51;
y0=-1;
yn=1;
[x1,y1]=mychafen(x0,xt,y0,yn,pointnum);
y2=sin(x1)-cos(x1);
plot(x1,y1,'r-o',x1,y2,'b*-')
legend('差分解','解析解')
set(gca,'FontSize',12);
function [outx, outy]=mychafen(x0,xt,y0,yn,pointnum);
% x0: 自变量取值下限 xt: 自变量取值上限
% y0: 函数在 x0 的取值 yn: 函数在 xt 的取值
% pointnum: 自变量在区间[x0,xt]上取的点数
% outx: 区间[x0,xt]上所取点的 x 值
% outy: 对应点上的函数值
h=(xt-x0)/(pointnum-1);
```

```
x=x0:h:xt;
N=length(x);
y(1)=y0;
y(N)=yn;
A=zeros(N-2,N-2);
A=diag(repmat([-4], 1, N-2))+diag(repmat([2-h], 1, N-3), 1)+...
   diag(repmat([2+h], 1, N-3),-1);
b=-4*h*h*sin(x(2:N-1));
b(1)=b(1)-(2+h)*y0;
b(N-2)=b(N-2)-(2-h)*yn;
y(2:N-1)=inv(A)*b';
outy=y;
outx=x;
return
```

在 Matlab 命令窗口输入

```
>> c12
```

回车得到的图形如图 8-9 所示。

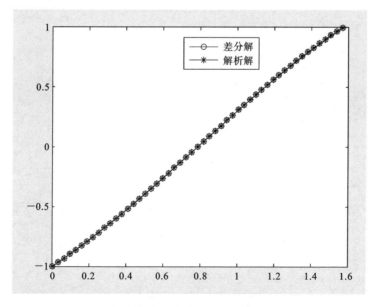

图 8-9　应用实例 8.12 常微分方程的数值解图形

本 章 小 结

本章主要介绍了 Matlab 中求解常微分方程(组)的求解函数和求解器,还介绍了 Matlab 中通过编程求解常微分初值、边值问题的常用数值解法,包括欧拉法、龙格-库塔法、预估-校正法、打靶法以及有限差分法。本章中的例子并不是只能用一种方法进行求解,读者在求解常微分方程选择算法时应从算法的计算精度、稳定性以及计算时间这三个方面去考虑。

第 9 章　矩阵特征值计算

与线性方程组的求解问题一样,矩阵特征值与特征向量的计算也是数值线性代数的重要内容。在理论上,矩阵的特征值是特征多项式方程的根,因此矩阵特征值的计算可转化为对单个特征多项式方程的求解。然而对于高阶矩阵,这种转化并不能使问题得到简化,而且在实际应用中还会引入严重的数值误差。因此,当矩阵阶数较高的时候,需要用到一些数值方法对其进行求解,这些算法利用 Matlab编程可方便实现。

本章主要介绍利用 Matlab 中的相关函数来计算矩阵特征值,或者通过编程来实现多种矩阵特征值的计算。

9.1　特征值与特征向量

设 A 是 n 阶矩阵,x 是非零列向量,如果数 λ 满足 $Ax = \lambda x$,则称 x 是矩阵 A 关于特征值 λ 的特征向量。

将 $Ax = \lambda x$ 改写为 $(A - \lambda I)x = 0$,称

$$f(\lambda) = |\lambda I - A| = \lambda^n + a_1 \lambda^{n-1} + \cdots + a_{n-1}\lambda + a_n$$

为矩阵 A 的特征多项式。λ 是矩阵 A 的一个特征值的充要条件是它是 $f(\lambda) = 0$ 的一个根。

注:(1) 同一个特征值对应的特征向量不唯一,它们构成的线性子空间称为特征子空间。

(2) 我们一般讨论实矩阵的特征值问题。对于实矩阵,其特征值与特征向量不一定是实数和实向量,但实特征值一定对应于实特征向量。此外,若特征值不是实数,则其复共轭也一定是特征值。

(3) 实对称矩阵的特征值均为实数,且存在 n 个正交的实特征向量,即存在由特征值组成的对角阵 Λ 和特征向量组成的正交阵 Q,使得 $A = Q\Lambda Q^{\mathrm{T}}$。

9.2　条件数与病态矩阵

若矩阵 A 为非奇异矩阵,则称 $\|A\| \cdot \|A^{-1}\|$ 为矩阵 A 的条件数,其中 $\|\cdot\|$ 为矩阵 A 的某种范数。

由于矩阵范数的定义不同,因而其条件数也不同。但是由于矩阵范数的等价

性,在不同范数下的条件数也是等价的。

　　矩阵条件数的大小可以衡量一个矩阵的"好"或"坏"。条件数大的矩阵称为病态矩阵或坏矩阵。一般来说,若矩阵的模的最大特征值与模的最小特征值的比值比较大,该矩阵就会呈现病态。特别地,当矩阵 A 的行列式值很小时,矩阵总是病态的。

　　设 X 为一个向量,定义几种常用的范数如下:

2-范数 $\|X\|_2 = \sqrt{\sum_{i=1}^{n} x_i^2}$;

1-范数 $\|X\|_1 = \sum_{i=1}^{n} |x_i|$;

无穷范数 $\|X\|_\infty = \max_{1 \leqslant i \leqslant n} |x_i|$;

p-范数 $\|X\|_p = \left(\sum_{i=1}^{n} |x_i^p|\right)^{1/p}$。

　　对应于向量范数,矩阵 A 的常用范数定义如下:2-范数等于矩阵 A 的最大奇异值;列范数等于 A 的列向量的 1-范数的最大值;行范数等于矩阵 A 的行向量的 1-范数的最大值;Frobenius 范数 $\|A\|_F = \sqrt{\sum_{i=1}^{n}\sum_{j=1}^{n} a_{ij}^2}$。

　　Matlab 中提供了 norm 函数来求矩阵的范数,具体用法如表 9-1 所示。

表 9-1　norm 函数用法

格　式	说　明
n=norm(A)	求矩阵 A 的 2-范数
n=norm(A,1)	求矩阵 A 的列范数
n=norm(A,2)	求矩阵 A 的 2-范数
n=norm(A,inf)	求矩阵 A 的行范数
n=norm(A,'fro')	求矩阵 A 的 Frobenius 范数

　　不同的范数对应于不同的条件数,Matlab 提供了以下几个求矩阵条件数的函数。

　　(1) cond:求矩阵的条件数。c=cond(X):求矩阵 X 的最大奇异值与最小奇异值的商;c=cond(X,p):求矩阵 X 的 p-范数的条件数,p 的值可以是 1、2、inf 或'fro'。

　　(2) condest:求矩阵的条件数估计值。c=condest(A):求矩阵 A 的 1-范数的条件数的下界估值;[c,v]=condest(A):v 为向量,满足 $\|Av\| = \dfrac{\|A\| \cdot \|v\|}{c}$;[c,v]=condest(A,t):求上面的 c 与 v,同时显示出关于计算的步骤信息。如果 $t=1$,则计算的每一步都显示出来;如果 $t=-1$,则给出商 $c/\mathrm{rcond}(A)$。

（3）rcond：判断矩阵的病态程度。c=rcond(A)：对于病态矩阵 A 来说，给出一个接近 0 的数；对于非病态矩阵 A 来说，给出一个接近 1 的数。

（4）condeig：求矩阵的特征值的条件数。c=condeig(A)：返回矩阵 A 的特征值的条件数；[V,D,c]=condeig(A)：D 为 A 的特征值对角阵，V 为 A 的特征向量。

应用实例 9.1　求矩阵 A 的各种范数。

$$A = \begin{bmatrix} 5 & -1 & -1 \\ 3 & 1 & -1 \\ 4 & -2 & 1 \end{bmatrix}$$

程序 9.1

```
function c1( )
% 求矩阵 A 的各种范数
clear all; close all;
A=[5 -1 -1; 3 1 -1; 4 -2 1];
n1=norm(A)
n2=norm(A,1) %  列范数
n3=norm(A,inf) %  行范数
n4=norm(A,'fro') %  Frobenius 范数
```

在 Matlab 命令窗口输入

```
>> c1
```

回车得到

```
n1=
    7.2397
n2=
    12
n3=
    7
n4=
    7.6811
```

应用实例 9.2　求应用实例 9.1 中矩阵 A 的各种条件数。

程序 9.2

```
function c2( )
% 求矩阵 A 的各种条件数
clear all; close all;
```

```
A=[5 -1 -1; 3 1 -1; 4 -2 1];
c1=cond(A)
c2=cond(A,1) %  列范数的条件数
c3=cond(A,inf) %  行范数的条件数
c4=cond(A,'fro') %  Frobenius 范数的条件数
c5=rcond(A) %  判断矩阵的病态程度
```

在 Matlab 命令窗口输入

>> c2

回车得到

```
c1=
    10.8226
c2=
    18
c3=
    14
c4=
    11.9408
c5=
    0.0556
```

从计算结果可知,c5=0.0556比较接近 0,因此矩阵 A 是一个病态矩阵。

9.3　相似变换

若矩阵 A 与矩阵 B 为相似矩阵,则矩阵 A 与矩阵 B 有相同的特征值。在 Matlab 中,函数 balance 能够求出相似变换矩阵。

[T,B]=balance(A):求相似变换矩阵 T 和平衡矩阵 B,使得矩阵 $B=T^{-1}AT$,其中矩阵 T 为对角矩阵;B=balance(A):求平衡矩阵 B。

应用实例 9.3　利用函数 balance,求矩阵 A 的平衡矩阵和相似变换矩阵。

$$A=\begin{bmatrix} 1 & 3 & 8 \\ 3 & 1 & -1 \\ 2 & -2 & 1 \end{bmatrix}$$

程序 9.3

```
function c3( )
% 求矩阵 A 的平衡矩阵和相似变换矩阵
```

```
clear all; close all;
A=[1 3 8; 3 1 -1; 2 -2 1];
[T,B]=balance(A)
```

在 Matlab 命令窗口输入

```
>> c3
```

回车得到

```
T=
   1    0    0
   0    1    0
   0    0    1
B=
   1    3    8
   3    1   -1
   2   -2    1
```

对于稀疏矩阵，相似变换矩阵 **T** 的形式可能有所不同。

应用实例 9.4　求矩阵 **A** 的平衡矩阵和相似变换矩阵。

$$A=\begin{bmatrix} 1 & 2 & 0 \\ 2 & 4 & 0 \\ 8 & 3 & 9 \end{bmatrix}$$

程序 9.4

```
function c4( )
% 求矩阵 A 的平衡矩阵和相似变换矩阵
clear all; close all;
A=[1 2 0; 2 4 0; 8 3 9];
[T1,B1]=balance(A)
[T2,B2]=balance(A,'noperm')
```

在 Matlab 命令窗口输入

```
>> c4
```

回车得到

```
T1=
   0    0    1
```

0	1	0
1	0	0

B1=

9	3	8
0	4	2
0	2	1

T2=

0.2500	0	0
0	0.2500	0
0	0	1.0000

B2=

1.0000	2.0000	0
2.0000	4.0000	0
2.0000	0.7500	9.0000

这里的 T_1 矩阵为副对角线矩阵,因为矩阵 A 的第三列有两个零元素,在求矩阵 B_1 之前对矩阵 A 进行了行变换。如果想得到对角型的相似变换矩阵 T,可采用 noperm 选项。

求平衡矩阵的目的是调整矩阵各个元素之间的大小关系,降低其病态程度。一般来说,改用平衡矩阵 B 来求特征值,会比直接求矩阵 A 的特征值精度高。

9.4　特征值求法

矩阵特征值的求法有很多种。有的方法只能求出一个特征值,比如幂法;有的方法能求出矩阵所有的特征值,如收缩法。有的方法只能求出矩阵的实特征值,有的方法能求出矩阵的复特征值,如特征多项式法。有的方法能附带求出特征向量,有的方法只能求出特征值。下面介绍各种求矩阵特征值的算法。

9.4.1　特征多项式法

此方法的思想十分简单,根据特征值的性质,它应该是特征多项式的根,因此可以通过求特征多项式的根来求特征值。

应用实例 9.5　通过求特征多项式的根来求矩阵 A 的特征值。

$$A = \begin{bmatrix} 4 & 1 & 0 \\ 1 & 0 & 1 \\ 1 & 1 & 4 \end{bmatrix}$$

程序 9.5

```
function c5( )
% 通过求特征多项式的根来求矩阵的特征值
clear all; close all;
A=[4 1 0; 1 0 1; 1 1 4];
l=chapoly(A)
function l=chapoly(A)
syms t;
N=size(A);
n=N(1,1);
y=det(A-t*eye(n,n));
l=solve(y);
l=vpa(l,5);
return
```

在 Matlab 命令窗口输入

```
>> c5
```

回车得到

```
l=
    -0.40268
     3.684
     4.7187
```

在实际使用时,通过求特征多项式的根得到矩阵特征值的方法速度很慢,因此几乎不使用这种方法。

9.4.2　幂法

幂法是一种计算矩阵的最大特征值及其对应特征向量的方法。幂法的迭代过程如下:给定迭代初始值 $x^{(0)} \neq 0$,给定误差限 ε,计算

$$y^{(k+1)} = Ax^{(k)}$$
$$m^{(k+1)} = \max(y^{(k+1)})$$
$$x^{(k+1)} = \frac{y^{(k+1)}}{m^{(k+1)}}$$

如果 $|m^{(k+1)} - m^{(k)}| < \varepsilon$,迭代终止。其中,$\max(y^{(k+1)})$ 表示向量 $y^{(k+1)}$ 模最大的

分量。

幂法有如下的收敛性质：

$$\lim_{k \to \infty} \boldsymbol{x}^{(k)} = \frac{\boldsymbol{a}_1}{\max(\boldsymbol{a}_1)}$$

$$\lim_{k \to \infty} m^{(k)} = \lambda_1$$

其中，λ_1 为矩阵 $\boldsymbol{A}$ 的最大特征值，$\boldsymbol{a}_1$ 为对应的特征向量。

应用实例 9.6　用幂法计算矩阵 $\boldsymbol{A}$ 的最大特征值及其对应的特征向量。

$$\boldsymbol{A} = \begin{bmatrix} 7 & 3 & -2 \\ 3 & 4 & -1 \\ -2 & -1 & 3 \end{bmatrix}$$

程序 9.6

```
function c6( )
% 通过幂法求矩阵的最大特征值及其对应的特征向量
clear all; close all;
A=[7 3 -2; 3 4 -1;-2 -1 3];
x0=[1; 1; 1];
eps=1.0e-8;
[l,v,s]=pmethod(A,x0,eps)
function [l,v,s]=pmethod(A,x0,eps)
v=x0;
M=5000;
m=0;
l=0;
for k=1:M
y=A*v;
m=max(y);
v=y/m;
if abs(m-l)<eps
l=m;
s=k;
return
else if k==M
disp('迭代步数太多,收敛速度太慢');
l=m;
```

```
s=M;
else
l=m;
end
end
end
return
```

在 Matlab 命令窗口输入

```
>> c6
```

回车得到

```
l=
    9.6056
v=
    1.0000
    0.6056
   -0.3944
s=
    15
```

经过 15 次迭代,求得矩阵 A 的最大特征值 l 及其对应的特征向量 v。经验证,求得的 l 及 v 满足条件。

注:当矩阵 A 为病态矩阵时,幂法的收敛速度非常慢。

9.4.3　瑞利商加速幂法

如果矩阵 A 是一个对称矩阵,可以使用瑞利商来加快幂法的收敛速度。对于非零向量 x,它的瑞利商定义如下:

$$R(x)=\frac{(Ax,x)}{(x,x)}$$

瑞利商加速幂法的迭代过程如下:给定迭代初始值 $x^{(0)}\neq 0$,给定误差限 ε,计算

$$y^{(k+1)}=Ax^{(k)}$$
$$m^{(k+1)}=\frac{(Ax^{(k)},x^{(k)})}{(x^{(k)},x^{(k)})}$$
$$x^{(k+1)}=\frac{y^{(k+1)}}{m^{(k+1)}}$$

如果 $|m^{(k+1)}-m^{(k)}|<\varepsilon$，迭代终止。

如果矩阵 A 不是一个对称矩阵，也可以使用瑞利商来加快幂法的收敛速度，但是加速的效果可能不明显。

应用实例 9.7　用瑞利商加速幂法计算应用实例 9.6 中矩阵 A 的最大特征值及其对应的特征向量。

程序 9.7

```
function c7( )
% 通过瑞利商加速幂法求矩阵的最大特征值及其对应的特征向量
clear all; close all;
A=[7 3 -2; 3 4 -1;-2 -1 3];
x0=[1; 1; 1];
eps=1.0e-8;
[l,v,s]=pmethod(A,x0,eps)
function [l,v,s]=pmethod(A,x0,eps)
v=x0;
M=5000;
m=0;
l=0;
for k=1:M
y=A*v;
m=(y'*v)/(v'*v);
if rank(m)> 1
m=(y*v')/(v*v');
end
v=y/m;
if abs(m-l)<eps
l=m;
s=k;
return
else if k==M
disp('迭代步数太多,收敛速度太慢');
l=m;
s=M;
else
```

```
l=m;
end
end
end
return
```

在 Matlab 命令窗口输入

```
>> c7
```

回车得到

```
l=
    9.6056
v=
    1.7982
    1.0889
   -0.7093
s=
    10
```

经过 10 次迭代，求得的矩阵 A 的最大特征值 l 与应用实例 9.6 中的相等，但迭代步数减少了。

9.4.4 收缩法

收缩法可用来求矩阵 A 的所有特征值，它是基于幂法求特征值的方法。设矩阵 A 的 n 个特征值按模从大到小的顺序排列为

$$|\lambda_1| > |\lambda_2| > \cdots > |\lambda_n|$$

其相应的 n 个线性无关的特征向量为 $\boldsymbol{\alpha}_1, \boldsymbol{\alpha}_2, \cdots, \boldsymbol{\alpha}_n$。使用幂法求出矩阵 A 的模最大的特征值 λ_1 及其对应的特征向量 $\boldsymbol{\alpha}_1$ 后，通过收缩，继续使用幂法计算特征值 λ_2 及其对应的特征向量 $\boldsymbol{\alpha}_2$，具体步骤如下：

（1）使用幂法求出矩阵 A 的最大特征值 λ_1 及其对应的特征向量 $\boldsymbol{\alpha}_1$；

（2）令矩阵

$$\boldsymbol{B} = \boldsymbol{A} - \boldsymbol{\alpha}_1 \boldsymbol{A}_1^{\mathrm{T}} = \begin{bmatrix} 0 & 0 & \cdots & 0 \\ a_{21} - \alpha_{21}a_{11} & a_{22} - \alpha_{21}a_{12} & \cdots & a_{2n} - \alpha_{21}a_{1n} \\ \vdots & \vdots & & \vdots \\ a_{n1} - \alpha_{n1}a_{11} & a_{n2} - \alpha_{n1}a_{12} & \cdots & a_{nn} - \alpha_{n1}a_{1n} \end{bmatrix}$$

其中 $\boldsymbol{A}_1$ 代表矩阵 A 的第一行组成的列向量，α_{i1} 代表特征向量 $\boldsymbol{\alpha}_1$ 的第 i 个分量；

（3）去掉 A_1 的第 1 行和第 1 列，得到矩阵

$$B_1 = \begin{bmatrix} a_{22} - \alpha_{21}a_{12} & a_{23} - \alpha_{21}a_{13} & \cdots & a_{2n} - \alpha_{21}a_{1n} \\ a_{32} - \alpha_{31}a_{12} & a_{33} - \alpha_{31}a_{13} & \cdots & a_{3n} - \alpha_{31}a_{1n} \\ \vdots & \vdots & & \vdots \\ a_{n2} - \alpha_{n1}a_{12} & a_{n3} - \alpha_{n1}a_{13} & \cdots & a_{nn} - \alpha_{n1}a_{1n} \end{bmatrix}$$

则矩阵 B_1 有与 A 除 λ_1 外的相同的 $n-1$ 个特征值 $|\lambda_2| > |\lambda_3| > \cdots > |\lambda_n|$，可以使用幂法计算 λ_2 及其对应的特征向量 α_2。

如此经过 n 次收缩，可把矩阵 A 的所有特征值求出来。

应用实例 9.8　用收缩法求应用实例 9.6 中矩阵 A 的所有特征值。

程序 9.8

```
function c8( )
% 用收缩法求矩阵的所有特征值
clear all; close all;
A=[7 3 -2; 3 4 -1;-2 -1 3];
eps=1.0e-8;
T=spmethod(A,eps)
function T=spmethod(A,eps)
N=size(A);
n=N(1,1);
T=zeros(n,n);
B=A;
B1=B;
for i=1:n
s=size(B);
r=s(1,1);
[T(i,i),u]=pmethod(B,ones(r,1),eps);
u=u/u(1,1);
B1=B-u*B(1,:);
s1=size(B1);
r1=s(1,1);
B=B1(2:r1,2:r1);
end
return
function [l,v,s]=pmethod(A,x0,eps)
```

```
v=x0;
M=5000;
m=0;
l=0;
for k=1:M
y=A*v;
m=max(y);
v=y/m;
if abs(m-l)< eps
l=m;
s=k;
return
else if k==M
disp('迭代步数太多,收敛速度太慢');
l=m;
s=M;
else
l=m;
end
end
end
return
v=x0;
M=5000;
m=0;
l=0;
for k=1:M
y=A\v;
m=max(y);
v=y/m;
if abs(m-l)<eps
l=m;
return
else if k==M
disp('迭代步数太多,收敛速度太慢');
```

```
l=1/m;
else
l=m;
end
end
end
return
```

在 Matlab 命令窗口输入

>> c8

回车得到

T=

9.6056	0	0
0	2.3944	0
0	0	2.0000

由计算结果可知,用收缩法得到的矩阵 A 的三个特征值为 9.6056、2.3944 与 2.0000。

注:使用上述几种方法求矩阵的特征值时,如果矩阵是病态矩阵或者存在复特征值,就会出现错误。

9.4.5　反幂法

反幂法是用来求矩阵 A 的模最小的特征值及其对应的特征向量的算法。反幂法的迭代过程如下:

给定迭代初始值 $x^{(0)} \neq 0$,给定误差限 ε,计算

$$A y^{(k+1)} = x^{(k)}$$
$$m^{(k+1)} = \max(y^{(k+1)})$$
$$x^{(k+1)} = \frac{y^{(k+1)}}{m^{(k+1)}}$$

如果 $|m^{(k+1)} - m^{(k)}| < \varepsilon$,迭代终止,其中,$\max(y^{(k+1)})$ 表示向量 $y^{(k+1)}$ 模最大的分量。反幂法有如下的收敛性质:

$$\lim_{k \to \infty} x^{(k)} = \frac{a_n}{\max(a_n)}$$

$$\lim_{k \to \infty} m^{(k)} = \frac{1}{\lambda_n}$$

其中,λ_n 为 A 的最小特征值,a_n 为其对应的特征向量。

应用实例 9.9　用反幂法求应用实例 9.6 中矩阵 **A** 的最小特征值及其对应的特征向量。

程序 9.9

```
function c9( )
% 使用反幂法求矩阵的最小特征值及其对应的特征向量
clear all; close all;
A=[7 3 -2; 3 4 -1;-2 -1 3];
x0=[1; 1; 1];
eps=1.0e- 8;
[l,v]=ipmethod(A,x0,eps)
function [l,v]=ipmethod(A,x0,eps)
v=x0;
M=5000;
m=0;
l=0;
for k=1:M
y=A\v;
m=max(y);
v=y/m;
if abs(m-l)< eps
l=1/m;
return
else if k==M
disp('迭代步数太多,收敛速度太慢');
l=1/m;
else
l=m;
end
end
end
return
```

在 Matlab 命令窗口输入

```
>> c9
```

回车得到

l=

    2.0000

v=

    1.0000

    -1.0000

    1.0000

由计算结果可知,使用反幂法得到的矩阵 A 的最小特征值 l 等于 2.0000,特征向量 $v=[1,-1,1]^{\mathrm{T}}$,这与前面的结果一致。

9.4.6　位移反幂法

位移反幂法是用来求矩阵 A 离某个特定的常数最近的特征值及其对应特征向量的迭代法。位移反幂法的迭代过程如下:

给定迭代初始值 $x^{(0)}\neq0$,给定误差限 ε、常数 μ,计算

$$(A-\mu I)\,y^{(k+1)}=x^{(k)}$$
$$m^{(k+1)}=\max(y^{(k+1)})$$
$$x^{(k+1)}=\frac{y^{(k+1)}}{m^{(k+1)}}$$

如果 $|m^{(k+1)}-m^{(k)}|<\varepsilon$,迭代终止,其中,$\max(y^{(k+1)})$ 表示向量 $y^{(k+1)}$ 模最大的分量。位移反幂法有如下的收敛性质:

$$\lim_{k\to\infty}x^{(k)}=\frac{a_j}{\max(a_j)}$$
$$\lim_{k\to\infty}m^{(k)}=\frac{1}{\lambda_j-\mu}$$

其中,λ_j 为离 μ 最近的特征值,a_j 为其对应的特征向量。

应用实例 9.10　用位移反幂法求应用实例 9.6 中矩阵 A 的离 9 最近的特征值及其对应的特征向量。

程序 9.10

```
function c10( )
% 使用位移反幂法求矩阵离给定常数最近的特征值及其特征向量
clear all; close all;
A=[7 3 -2; 3 4 -1;-2 -1 3];
u=9;
x0=[1; 1; 1];
```

```
eps=1.0e-8;
[l,v]=dimethod(A,x0,u,eps)
function [l,v]=dimethod(A,x0,u,eps)
N=size(A);
n=N(1,1);
v=x0;
M=5000;
m=0;
l=0;
for k=1:M
y=(A-u*eye(n,n))\v;
m=max(y);
v=y/m;
if abs(m-l)<eps
l=1/m+u;
return
else if k==M
disp('迭代步数太多,收敛速度太慢');
l=1/m+u;
else
l=m;
end
end
end
return
```

在 Matlab 命令窗口输入

```
>> c10
```

回车得到

```
l=
    9.6056
v=
    1.0000
    0.6056
```

-0.3944

使用位移反幂法得到的矩阵 A 的离 9 最近的特征值 l 等于 9.6056,特征向量 $v=[1,0.6056,-0.3944]^\mathrm{T}$。

9.4.7　QR 算法

QR 算法是求矩阵 A 的特征值最有效和应用最广泛的方法。该算法的依据如下:

(1) 设矩阵 A 是 n 阶矩阵,其 n 个特征值为 $\lambda_1,\lambda_2,\cdots,\lambda_n$,那么必存在一个矩阵 U,使得矩阵 $U^\mathrm{H}AU$ 是以 $\lambda_1,\lambda_2,\cdots,\lambda_n$ 为对角元的上三角矩阵。

(2) 设矩阵 A 是 n 阶实矩阵,那么必存在一个正交矩阵 Q,使得 $Q^\mathrm{H}AQ$ 是一个准上三角矩阵,它的每一个对角元是矩阵 A 的一个特征值,对角元上的二阶块矩阵的两个特征值是矩阵 A 的一对共轭复特征值。

1. QR 基本算法

QR 基本算法如下:给定循环步数 M,对于 $k=1,2,\cdots,M$,计算
$$A^{(1)}=A$$
$$A^{(k)}=Q^{(k)}R^{(k)}$$
$$A^{(k+1)}=R^{(k)}Q^{(k)}$$

QR 基本算法有如下的收敛性质:设矩阵 A 的 n 个特征值按模从大到小的顺序排列为
$$|\lambda_1|>|\lambda_2|>\cdots>|\lambda_n|$$
则 QR 基本算法产生的矩阵序列 $\{A^{(k)}\}$ 基本收敛到上三角矩阵(特别地,当 A 是对称矩阵时,收敛到对角阵),对角线元素收敛到矩阵 A 的特征值。

应用实例 9.11　用 QR 算法求矩阵 A 的所有特征值。
$$A=\begin{bmatrix}1&5&6\\3&7&0\\8&11&4\end{bmatrix}$$

程序 9.11

```
function c11( )
% 使用 QR 算法求矩阵的所有特征值
clear all; close all;
A=[1 5 6; 3 7 0; 8 11 4];
M=5000;
l=qrtz(A,M)
function l=qrtz(A,M)
```

```
for k=1:M
[q,r]=qr(A);
A=r*q;
l=diag(A);
end
return
```

在 Matlab 命令窗口输入

```
>> c11
```

回车得到

```
l=
    12.8380
    -4.0820
     3.2440
```

QR 基本算法的收敛速度还是比较快的，而且使用其他数值方法可能不收敛
的矩阵可以用 QR 基本算法求出其特征值。

下面给出 QR 基本算法求病态矩阵的所有特征值的例子。

应用实例 9.12　用 QR 算法求病态矩阵 A 的所有特征值。

$$A = \begin{bmatrix} 1 & 2 & -2 \\ -4 & 3 & 0 \\ 3 & 6 & -6.1 \end{bmatrix}$$

程序 9.12

```
function c12( )
% 用 QR 算法求病态矩阵的所有特征值
clear all; close all;
A=[1 2 -2;-4 3 0; 3 6 -6.1];
M=5000;
condition=cond(A)
l=qrtz(A,M)
function l=qrtz(A,M)
for k=1:M
[q,r]=qr(A);
A=r*q;
```

```
l=diag(A);
end
return
```

在 Matlab 命令窗口输入

```
>> c12
```

回车得到

```
condition=
        412.2826
l=
    -4.0125
     1.7565
     0.1561
```

矩阵 A 的条件数为 412.2826，A 为一个病态矩阵。用 QR 基本算法需要经过较长的迭代过程才能得出所有特征值。

2. 海森伯格 QR 算法

当矩阵 A 是一个一般矩阵时，QR 基本算法的计算量很大。在实际使用时，通常是先把矩阵 A 正交相似变换为上海森伯格矩阵，再进行 QR 基本算法。上海森伯格矩阵是指一个 n 阶矩阵 A，当 $i>j+1$ 时，A 的元素 $a_{ij}=0$。海森伯格 QR 基本算法如下：

给定循环步数 M，对于 $k=1,2,\cdots,M$，计算

$$A^{(1)}=\text{Hessenberg}(A)$$
$$A^{(k)}=Q^{(k)}R^{(k)}$$
$$A^{(k+1)}=R^{(k)}Q^{(k)}$$

这样，在每一步迭代过程中 $Q^{(k)}$ 和 $A^{(k)}$ 都是上海森伯格矩阵。

应用实例 9.13 用海森伯格 QR 算法求矩阵 A 的所有特征值。

$$A=\begin{bmatrix} 6 & 3 & 2 \\ 4 & 3 & 8 \\ 5 & 9 & 7 \end{bmatrix}$$

程序 9.13

```
function c13( )
% 用海森伯格 QR 算法求矩阵的所有特征值
clear all; close all;
```

```
A=[6 3 2; 4 3 8; 5 9 7];
M=5000;
l=hessqrtz(A,M)
function l=hessqrtz(A,M)
A=hess(A);
for k=1:M
[q,r]=qr(A);
A=r*q;
l=diag(A);
end
return
```

在 Matlab 命令窗口输入

```
>> c13
```

回车得到

```
l=
    15.9168
     3.8266
    -3.7434
```

9.4.8　舒尔分解法

舒尔分解法可以直接给出矩阵的特征值。对于对称矩阵,奇异值分解能给出矩阵特征值的绝对值。

应用实例 9.14　用舒尔分解法求应用实例 9.13 中矩阵 **A** 的所有特征值。

程序 9.14

```
function c14( )
% 用舒尔分解法求矩阵的所有特征值
clear all; close all;
A=[6 3 2; 4 3 8; 5 9 7];
[S,U]=schur(A)
```

在 Matlab 命令窗口输入

```
>> c14
```

回车得到

S=

0.3245	0.9456	0.0253
0.5686	-0.1737	-0.8040
0.7559	-0.2752	0.5940

U=

15.9168	3.0314	-1.1913
0	3.8266	-0.6256
0	0	-3.7434

由计算结果可知,用舒尔分解法求得的矩阵 **A** 的特征值为矩阵 **U** 的主对角线上的元素 15.9168、3.8266、-3.7434。

应用实例 9.15　用奇异值分解法求矩阵 **A** 的所有特征值。

$$A = \begin{bmatrix} -4 & 9 & 10 \\ 9 & 1 & 8 \\ 10 & 8 & 2 \end{bmatrix}$$

程序 9.15

```
function c15( )
% 用奇异值分解法求矩阵的所有特征值
clear all; close all;
A=[-4 9 10; 9 1 8; 10 8 2];
[S,U]=svd(A)
```

在 Matlab 命令窗口输入

```
>> c15
```

回车得到

S=

0.5249	-0.8505	0.0327
0.5782	0.3282	-0.7470
0.6246	0.4110	0.6641

U=

17.8115	0	0
0	12.3053	0
0	0	6.5062

　　由计算结果可知,用奇异值分解法求得的矩阵 A 的特征值为矩阵 U 的主对角线上的元素 17.8115、12.3053、6.5062,而实际上,矩阵 A 的特征值为 17.8115、-12.3053、-6.5062。

9.4.9　eig 函数法

　　Matlab 中提供了一个功能强大的求矩阵特征值的函数 eig,它综合了以上几种求特征值的方法,而且能求出复特征值,用法如表 9-2 所示。

表 9-2　eig 函数用法

格　　式	说　　明
L=eig(A)	求矩阵 A 的特征值
[V, L]=eig(A)	求矩阵 A 的特征值与特征向量
[V, L]=eig(A, 'nobalance')	如果矩阵 A 中某项非常小,采用'nobalance'选项会更精确
[V, L]=eig(A, B)	计算矩阵的广义特征值与特征向量,使得 $AV=BVL$

　　应用实例 9.16　用 eig 函数求矩阵 A 的所有特征值。

$$A=\begin{bmatrix} -1 & 7 & 6 \\ 0 & 1 & 5 \\ 3 & -8 & 2 \end{bmatrix}$$

　　程序 9.16

```
function c16( )
% 用 eig 函数求矩阵的所有特征值
clear all; close all;
A=[-1 7 6; 0 1 5; 3 -8 2];
[V,L]=eig(A)
```

在 Matlab 命令窗口输入

```
>> c16
```

回车得到

```
V=
    -0.9339+0.0000i   -0.7759+0.0000i   -0.7759+0.0000i
    -0.3490+0.0000i   -0.3779-0.2594i   -0.3779+0.2594i
    -0.0780+0.0000i    0.3191-0.2934i    0.3191+0.2934i
L=
```

2.1177+0.0000i	0.0000+0.0000i	0.0000+0.0000i
0.0000+0.0000i	-0.0589+4.6093i	0.0000+0.0000i
0.0000+0.0000i	0.0000+0.0000i	-0.0589-4.6093i

由计算结果可知，矩阵 A 的特征值为矩阵 L 的主对角线上的元素 2.1177、$-0.0589+4.6093i$、$-0.0589-4.6093i$。

应用实例 9.17　　用 eig 函数求病态矩阵 A 的所有特征值。

$$A = \begin{bmatrix} 1 & 10^{-5} & 2 \\ 2 & 2 \times 10^{-5} & 1 \\ 5 & 2 \times 10^{-4} & 4 \end{bmatrix}$$

程序 9.17

```
function c17( )
% 用 eig 函数求病态矩阵的所有特征值
clear all; close all;
A=[1 10^(-5) 2; 2 2*10^(-5) 1; 5 2*10^(-4) 4];
condition=cond(A)
[V,L]=eig(A)
```

在 Matlab 命令窗口输入

```
>> c17
```

回车得到

```
condition=
          1.1538e+05
V=
    0.3578     0.5773     0.0001
    0.2683    -0.5774    -1.0000
    0.8944    -0.5773    -0.0000
L=
    6.0000          0          0
         0    -0.9999          0
         0          0    -0.0001
```

由于矩阵 A 的条件数较大，因此矩阵 A 是一个病态矩阵，使用 eig 函数求得的特征值为矩阵 L 的主对角线上的元素 6.0000、-0.9999、-0.0001。

本 章 小 结

本章详细介绍了 Matlab 中求矩阵特征值的常用方法,包括特征多项式法、幂法、瑞利商加速幂法、收缩法、反幂法、QR 算法、舒尔分解法和 eig 函数法等。其中,幂法计算简单,可用来求矩阵模最大的特征值,适用于稀疏矩阵;同理,反幂法可用来求矩阵模最小的特征值,适用于稀疏矩阵;收缩法和 QR 算法可以求出矩阵的所有特征值,对于中小型的稠密矩阵,特别是对称矩阵,非常有效;eig 函数法综合了上述几种方法的优点,不仅可以求出矩阵的所有的实特征值和复特征值,还可以求出相应的特征向量。

参 考 文 献

[1] 韩旭里. 数值分析[M]. 长沙:中南大学出版社,2003.

[2] 喻文健. 数值分析与算法[M]. 北京:清华大学出版社,2012.

[3] 李红. 数值分析[M]. 武汉:华中科技大学出版社,2003.

[4] 张晓. Matlab 微分方程高效解法:谱方法原理与实现[M]. 北京:机械工业出版社,2015.

[5] 徐士良. 数值方法与计算机实现[M]. 北京:清华大学出版社,2006.

[6] John H Mathews, Kurtis D Fink. 数值方法(MATLAB 版)[M]. 4 版. 周璐,陈渝,钱方,等,译. 北京:电子工业出版社,2005.

[7] Anne Greenbaum, Timothy P Chartier. 数值方法:设计、分析和算法实现[M]. 吴兆金,王国英,范红军,译. 北京:机械工业出版社,2016.

[8] 王正林,龚纯,何倩. 精通 MATLAB 科学计算[M]. 2 版. 北京:电子工业出版社,2009.

[9] Cleve B Moler. MATLAB 数值计算[M]. 喻文健,译. 北京:机械工业出版社,2020.

[10] 宋叶志,贾东永. MATLAB 数值分析与应用[M]. 北京:机械工业出版社,2009.

[11] 关治,陆金甫. 数值分析基础[M]. 北京:高等教育出版社,1998.

[12] 李庆杨,王能超,易大义. 数值分析[M]. 4 版. 武汉:华中科技大学出版社,2006.

[13] 王沫然. MATLAB 与科学计算[M]. 北京:电子工业出版社,2016.